时代教育·国外高校优秀教材精选

翻译版

机械加工与机床分析

Analysis of Machining and Machine Tools

[美] 梁越昇（Steven Y. Liang）　著
石昭明（Albert J. Shih）

刘　瑶　黄祖广　庞学慧　吴　湘
万小金　张晓艳　刘　宇　王　恒　译
向建化　魏　莉

机械工业出版社
CHINA MACHINE PRESS

本书是由美国佐治亚理工学院梁越昇（Steven Y. Liang）教授和密歇根大学石昭明（Albert J. Shih）教授合著、施普林格出版社出版的英文教材 *Analysis of Machining and Machine Tools* 的中文译本。本书强调运用广博的工程力学知识去理解物理现象和解决问题，主要内容包括单齿刀具切削工艺，多齿刀具切削工艺，磨削加工工艺，机床部件，机床精度与检测，机械加工力学，切削剪切应力，切削温度与热分析，机床颤振，电火花加工，电化学加工、化学加工及化学机械抛光，激光和电子束加工，以及生物医学加工。

本书可作为机械类本科高年级学生及研究生相关课程的教材，也可供机械制造工程师及相关企业研发人员参考。

First published in English under the title

Analysis of Machining and Machine Tools

by Steven Y. Liang, Albert J. Shih

Copyright © Springer Science+business Media New York，2016

This edition has been translated and published under licence from Springer Science+business Media，LLC，part of Springer Nature.

北京市版权局著作权合同登记　图字：01-2019-0266 号。

图书在版编目（CIP）数据

机械加工与机床分析/（美）梁越昇（Steven Y. Liang），（美）石昭明（Albert J. Shih）著；刘瑶等译. —北京：机械工业出版社，2021.8

（时代教育. 国外高校优秀教材精选）

书名原文：Analysis of Machining and Machine Tools

ISBN 978-7-111-68649-1

Ⅰ.①机…　Ⅱ.①梁…　②石…　③刘…　Ⅲ.①金属切削–机床–高等学校–教材　Ⅳ.①TG502

中国版本图书馆 CIP 数据核字（2021）第 134471 号

机械工业出版社（北京市百万庄大街 22 号　邮政编码 100037）

策划编辑：舒　恬　责任编辑：舒　恬　王勇哲

责任校对：张　薇　封面设计：张　静

责任印制：郜　敏

三河市宏达印刷有限公司印刷

2022 年 1 月第 1 版第 1 次印刷

184mm×260mm·10.75 印张·262 千字

标准书号：ISBN 978-7-111-68649-1

定价：49.00 元

电话服务　　　　　　　　　　网络服务

客服电话：010-88361066　　机　工　官　网：www.cmpbook.com

　　　　　010-88379833　　机　工　官　博：weibo.com/cmp1952

　　　　　010-68326294　　金　书　网：www.golden-book.com

封底无防伪标均为盗版　　机工教育服务网：www.cmpedu.com

序

　　本书源于美国佐治亚理工学院梁越昇（Steven Y. Liang）教授和美国密歇根大学安娜堡分校石昭明（Albert J. Shih）教授在 2016 年出版的 *Analysis of Machining and Machine Tools*，是两位教授在机械制造领域多年教学和科研经验的总结。两位教授长期致力于机械加工和机床方面的教学与科研工作，对制造技术和机床特性有着深刻的理解和感悟，也对世界制造技术的发展做出了重要的贡献。*Analysis of Machining and Machine Tools* 作为机械工程专业基础教材已被数十所美国著名高校使用，深受广大教师和学生的喜爱。国内也有部分高校，如浙江大学、上海交通大学、浙江工业大学和中北大学等，引入了该英文原版教材，并取得了较好的教学效果。此次中北大学刘瑶副教授和北京机床研究所黄祖广教授级高工在梁越昇和石昭明两位教授的支持下，将该书翻译成中文并在国内出版，对促进国内机械领域教育和科研的发展具有非常重要的意义。

　　全书详细介绍了机械加工与机床的基本科学原理和力学知识，以加工力学和物理学的形式呈现系统和定量的知识。本书围绕传统的车削、铣削和磨削加工工艺特征，结合机床装备的基础部件和精度控制测量方法，对加工过程中的力、应力、能量和热进行了深入细致的讨论，将加工过程的动态稳定性、机床特性与加工质量结合起来进行综合探讨。同时全书也对电火花加工、电化学加工、激光和电子束加工及生物医学加工等非传统加工工艺特征进行了讲解。书中包含大量以现实工业应用为背景的例题和习题，将书中的科学原理和理论融入工程实践问题的分析和解决中，使读者可以逐步学习机械加工与机床的基本理论和基本原则，从而使读者掌握解决制造技术未来面临新问题（如新材料、新刀具、新机床及新结构）的能力。

　　本书内容翔实、新颖，论述深入浅出，图文并茂，着重于提升读者解决问题的能力，对机械制造及自动化领域的高等学校教师、研究生和本科生的教学和工程技术人员的科研工作具有较高的参考价值。

大连理工大学校长、中国工程院院士　郭东明

前　言

在目前已有的制造工艺中，机械加工制造无疑是其中最重要的工艺之一。这主要是由于机械加工制造可以任意塑造产品的形状，并且可以精密、高效、低成本地控制产品的质量和性能。如果没有严密的制造科学与工程技术，就不可能制造出具有复杂形状与功能的零部件，以满足当今航空航天、汽车、能源、生物医学、消费电子工业及许多其他领域的需求。

制造工艺的高效实施依赖于大量的技术支撑，包括机床、刀具、工艺方案、工艺参数及其错综复杂关系的设计、选择和优化。全面、深入地理解这些技术对实现优质高效的机械加工过程至关重要。这些问题背后的技术不仅是单纯的技艺和经验，而是比它们更重要的科学。只有通过科学推理并掌握问题的本质，才可以成功应对生产设计、工艺规划、机床与刀具优化中复杂的具体问题及其相互关系。

毋庸置疑，科学的理论和系统的准则是高效、有竞争力的制造工艺的必要支撑。基于此认识，作者撰写了本书，以传播机械制造与机床中的基本科学原理和力学知识。本书尽力通过加工力学和物理学的形式，而非借助于大量的实验数据、经验观测及专用的准则呈现系统和定量的知识。目前，诸如材料性能、加工数据和推荐参数等信息，均可在网络或者商品目录中获取。然而，本书作者相信系统的知识比零散的信息更加重要，因为知识只能来自于严密的科学分析与推理的结果。人们需要掌握知识而不是信息，这样才能真正有效地处理未知情形，如新材料、新刀具、新机床及新结构。本书的主要目的是提供一个学习、训练甚至掌握基本理论、基本准则的平台，以便能有效地实施加工过程，进一步激发机械制造和机床中所涉及的科学认知发展。

本书的主要特点之一是每一章都配有大量的例题和习题。这些例题和习题均以现实工业应用的形式呈现，并与工程实践相结合。同时，本书将科学原理和理论基础与解决工程问题的解决方法相融合，以增强学生的分析推理能力。

本书第 1 章首先介绍了机械加工技术与机床的总体要求，第 2 章介绍了最简单的单齿刀具切削工艺，第 3 章介绍了较复杂的多齿刀具切削工艺，第 4 章着重介绍了刀齿随机分布的磨削加工工艺。在第 1~4 章讨论了加工工艺特征之后，第 5 章通过分析基础部件的形式阐述了机床装备的特性，而第 6 章则介绍了机床的精度与检测，第 7 章介绍了机械加工力学，第 8 章则进一步讨论了切削中的剪切应力，阐释了单位切削能的变化。除了力以外，第 9 章讨论了加工热的问题，包括热的产生和由此引起的切削温度的分布。第 10 章综述了加工过程的动态稳定性及与各种颤振模态间的相关性。本书第 2~10 章为传统加工的内容，第 11~14 章则讨论了非传统加工工艺。第 11 章介绍了电火花加工，第 12 章涵盖了多种电化学加工、化学加工及化学机械抛光，第 13 章详细阐述了激光和电子束加工。第 14 章则讨论了生物医学材料的机械加工工艺。

本书针对的目标读者是本科高年级学生、研究生、机械制造工程师及企业研发人员。本书强调运用广博的工程力学知识去理解加工中的物理现象和解决工程问题。为了深入掌握本书的内容，建议读者预先学习材料力学、静力学、动力学、控制理论及热传导等知识。对于研究生，本书介绍的科学原理和相关应用也可支撑其从事的研究工作。

　　本书的内容是佐治亚理工学院梁越昇（Steven Y. Liang）教授和密歇根大学安娜堡分校石昭明（Albert J. Shih）教授多年教学经验的积累。本书的逐渐完善，承蒙许多往届采用该手稿作为教材的研究生和本科生的协助，他们提出了许多有益的建议和修改意见。作者要特别感谢以下各位承担的本书的校对、编辑等工作及他们的贡献，他们分别是：佛罗里达大学黄勇（Yong Huang）博士、德克萨斯A&M大学戴礼荣（Bruce L. Tai）博士、华盛顿州立大学陈鲲仁（Roland Chen）博士、密歇根大学陈雷（Lei Chen）博士及东华大学刘瑶（Yao Liu）博士（2019年3月入职中北大学）等。

作　者

作者致谢

感谢斯普林格出版社对本书出版给予的支持，尤其感谢 Marta Moldvai 和 Pramod Prasad 两位提供的专业化服务。作者同时也要感谢美国自然基金（NSF）、国家标准与技术研究院（NIST）、福特汽车公司、波音公司、通用汽车公司、卡特彼勒公司、康明斯公司等机构对本书编写给予的支持。最后感谢作者所在研究团队的大力支持。

译者致谢

本书由刘瑶副教授（中北大学）和黄祖广教授级高工（北京机床研究所）主持翻译和统稿。刘瑶副教授负责翻译第 7~10 章，并进行了全书翻译工作的统稿和润色工作；黄祖广教授级高工负责翻译第 5、6 章；张晓艳副教授（太原科技大学）负责翻译第 1 章；庞学慧教授（中北大学）负责翻译第 2~4 章；吴湘博士（哈尔滨工业大学）负责翻译第 11~14 章；万小金副教授（武汉理工大学）负责校对；王恒副教授（北京交通大学）、向建化副教授（广州大学）、刘宇副教授（东北大学）和魏莉工程师（哈尔滨工业大学）也参与了部分章节的翻译和校对工作。本书作者梁越昇（Steven Y. Liang）教授和石昭明（Albert J. Shih）教授也对全书的翻译工作给予了许多指导和建议。同时机械工业出版社以及王勇哲和舒恬两位编辑对本书的润色和后期出版给予了极大的帮助。在此向所有为本书顺利出版做出贡献的老师表示衷心的感谢。

全体译者

目　　录

第 1 章

绪 论

1.1 基本定义

机械加工是将金属或非金属的原材料转变为零件（产品）的工艺过程，即对原材料或预成形的工件，通过去除材料达到改善公差及表面质量的工艺过程。这一工艺过程通过机械（车削、钻削、铣削、磨削、水切割、超声加工等）、化学（化学加工、电化学加工等）、电（电火花加工）或热（激光加工、电子束加工等）的方式完成。

金属切削是用坚硬的刀具将多余的材料去除的工艺过程。在切削过程中，材料伴有强烈的塑性变形和断裂。按照这一定义，金属切削是机械加工的一个分支。

广义来看，DIN（德国标准）69651 定义了机床，即"机床是一种机器，其主要部件均有动力源，可借助于物理、化学或其他的工艺方法完成多种生产工艺。机床集成了相互作用的工具与工件，并使两者按照设定的轨迹相对运动，最终使工件获得设计的几何形状"。按照这一定义，机床是机器形式的制造工具，它可以完成一种或多种的切削加工、铸造、成形加工或连接工艺。另外，机床一词也常特指加工系统中的硬件（制造装备）。照此狭义的理解，机床亦即制造机器的母机。

机械加工是许多制造系统的支撑技术。其本身或是主要的制造工艺，或是其他工艺（如锻造或铸造）所需工具制备的重要组成部分。机械加工与机床较其他制造工艺更为重要，这主要是由于：

- 机械加工过程精度高：机械加工可以获得其他工艺（如铸造、锻造、焊接）无法得到的几何结构、加工精度及表面质量。例如，零件的表面算术平均粗糙度，对于砂型铸造通常是 $10\sim20\mu m$，压模铸造是 $2\sim5\mu m$，锻造是 $5\sim10\mu m$，车削加工是 $0.5\sim1\mu m$。而在精密加工（超精加工、研磨和金刚石车削等）中，表面算术平均粗糙度可以达到 $0.01\mu m$ 或更小。铸造过程受材料热膨胀系数的影响可获得的尺寸精度可达到 $0.8\%\sim2\%$；金属锻造过程受材料的屈服强度和刚度的影响，可获得的尺寸精度可达到 $0.05\%\sim0.3\%$；而机械加工的尺寸（相对）精度可以无限地提高，因其与零件尺寸无关。

- 机械加工工艺灵活：机械加工中，产品形状是可控的。因此，一台机床可以加工不同形状的零件，进而可以得出，通过机械加工可获得几乎任何形状的零件。零件的轮廓由刀具的运动轨迹决定，而不是刀具的形状。这使得机械加工工艺特别灵活，制造样机和小批量生产也非常经济。另外，刀具形状是标准化的，可以实现大批量生产。相反，铸造、模具成形工艺，每一种产品都需要专用的模具，则工艺灵活性较低。

2014 年，美国的机床消费为 92 亿美元，而全球为 580 亿美元。2019 年，中国机床消费为 223 亿美元，全球机床消费为 821 亿美元。大约 30%~40% 的机床消费市场是与汽车业直接或间接相关的，如模具制造、轴承制造等。由于缺乏技术工人，以及对自动化的更大需求、对制造精度的更高追求、更严格的环保法规，未来 10 年，可以预见机床消费的增长将十分可观，同时海外的竞争也将日益强烈。

机床、金属切削、计算机辅助制造及工艺过程的自动控制，涵盖的知识领域非常宽广。尽管我们可以在实际操作中积累经验诀窍以获得工程知识，但超越了常规基础知识并需要集成多领域知识才能完成的复杂加工任务，则还是依赖于原理分析和科学知识。本书的目标是以实践经验及分析为基础，融合机械加工与机床领域的科学知识。本课程所涉及的知识将应用于生产能力分析、工艺规程设计、机械装置设计或选型、自动化开发及制造系统集成等方面。

1.2 机械加工技术发展历程

工业化生产始于 19 世纪初，并逐渐代替了工匠的产品制造。机器的引入、劳动力的分工协作，使得大批量生产成为可能。在众多因素中，蒸汽机的发明和电动机的发明带来了始于新生产方式的工业革命，两者促成了生产机器的机械化。在金属加工相关的工业领域，各种机床得到了发展，相应地，冶金科学及工艺技术也取得了巨大的进步。

在工业生产的各个领域，机床作为制造产品的手段扮演着重要的角色。因此，机床制造业也具有重要的经济地位，机床行业为金属加工行业提供全套的生产装备。最终产品的质量和制造成本，都依赖于机床行业的发展。

17 世纪末期，随着蒸汽机技术的进一步发展，机械厂所使用的机床也依据蒸汽机动力进行开发。为了士兵在战场上能够共用步枪的零件，伊莱·惠特尼（Eli Whitney，1765—1825）提出了零件互换性的概念，这一概念使得用一组机床进行大批量生产成为可能。大批量生产为降低生产成本创造了条件，也产生了对机床、刀具、测量及工厂管理的需要。

金属切削科学研究始于 19 世纪 50 年代，最杰出的代表人物是弗雷德里克·泰勒（Frederick Taylor），他曾经工作于米德瓦尔炼铁厂（Midvale Iron Works，费城附近）和伯利恒钢铁厂（Bethlehem Steel Works）。他提出了科学管理理论，进行了金属切削理论的研究与实践，成为实施其管理理论的关键因素。泰勒与冶金学家蒙赛尔·怀特（Maunsel White）合作，发明了高速钢刀具材料，提高了切削速度和生产率。泰勒还揭示了刀具温度对刀具耐用度的影响，提出了刀具耐用度公式。

机床、刀具及工厂管理的发展使得采用流水线传输的大批量生产成为可能。20 世纪，亨利·福特（Henry Ford）对汽车生产进行了革命性的改造，而汽车工业的兴盛，进一步提升了机械加工、机床及刀具技术。

战争带来了加工技术的变革。第二次世界大战期间，德国开发了硬质合金刀具。二战之后，在美国海军的支持下，数控机床诞生。先进的飞行器需使用先进的轻质耐高温材料，从而产生了对陶瓷刀具及高效加工的涂层刀具的需求。计算机及数学建模将加工从单纯的技艺提高到建立在科学之上的一种理论。进入 21 世纪，研究者们不断推进加工技术的持续发展。在未来的几年，以微纳加工、硬脆材料加工、半导体材料加工、微量润滑（MQL）加工及生物医学工程加工为代表的加工技术将会持续发展。

1.3 加工工艺与系统概述

传统的金属切削工艺，作为机械加工的一部分，可以分为以下几种：

- 车削：在车床上完成的回转体零件加工工艺。
- 镗削：是车削工艺的一种，用于加工回转体零件的内表面。
- 铰削：扩大孔径并改善其圆度与表面质量的一种加工工艺。
- 钻削：用钻头进行钻孔或扩孔的一种孔径加工工艺。
- 铣削：用旋转刀具去除材料的一种工艺，通常使用多刃刀具。
- 拉削：用刀刃轮廓逐渐扩大的刀具进行材料去除的加工工艺。
- 攻螺纹与车螺纹：用锋利的、尖头刀具制成内、外螺纹的工艺。
- 磨削：用硬质磨料结合成的磨具去除材料的加工工艺。
- 珩磨：用珩磨油石组成的可扩张式工具，对已加工表面修正轴向和径向误差的加工工艺。
- 滚压：用高硬度的光滑滚轮或球形工具，对工件表面进行挤压，通过塑性变形形成光洁表面的工艺。
- 去毛刺：去除工件毛刺的加工工艺。毛刺是机械加工过程中由于工件材料的塑形变形而产生的，凸出于工件轮廓的多余部分。

除以上传统的金属切削工艺外，还有利用电能、化学能和热能去除工件材料的工艺方法，这些非传统加工工艺包括：

- 电火花加工（EDM）：是一种利用工具电极和工件之间的电火花熔化并去除工件材料的工艺方法。电极可以是成形电极（凹模 EDM），也可以是运动的丝线（线切割 EDM）。
- 电化学加工（ECM）：是一种利用电解作用去除工件材料的工艺方法。
- 水射流加工：高压水可以用来切割软质材料，如面包和地毯等，既清洁又快速。若将磨料颗粒混合在高压水中，则磨料水射流可以切割金属、混凝土、花岗岩等材料。
- 激光加工：利用激光的能量熔化并去除材料的工艺方法。
- 等离子体加工：热等离子体可灵活、低成本地用于各种材料的加工。
- 离子束加工：通过大量离子的能量去除工件材料的工艺方法。通常去除的材料量很少，如光学镜片的抛光。

在工厂中，通常将多个工艺的组合称为工艺流程，将一个零件或一组零件的制造生产称为加工系统。为了形成规模经济以降低成本，工厂会有大量的机床，如一个车间可拥有数百或数千台机床。若干机床与测量系统相集成，形成车间层次的生产操作单元，称为"制造系统"。这样的制造系统需要大量的投入，但也能产生长期的回报。在产品的生命周期缩短、开发生产更快速的时代，生产方式在 20 世纪七八十年代重点转向了柔性生产（柔性制造系统，Flexible Manufacturing System，FMS），在 20 世纪 90 年代和 21 世纪初期转向了可重构生产（可重构制造系统，Reconfigurable Manufacturing System，RMS）。然而，研究各种加工工艺依然重要，它不仅用于工厂的每一台机床，而且是制造系统或生产系统的一部分。

图 1-1 对制造系统进行了描述，称作"Aachen 模型"。刀具与工件间的相互作用是制造

工艺的核心。刀具和工件分别安装在机床上，并由机床驱动完成加工所需的运动。机床是制造系统的组成部分，是工厂或企业的生产单元。检测贯穿于刀具/工件、机床与制造系统三个层次。本书主要围绕刀具-工件界面间的物理现象与化学作用而展开，并对机床及其主要部件做了概要介绍。

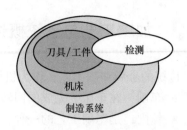

图 1-1　刀具/工件、机床、制造系统及检测的关系（Aachen 模型）

　　21 世纪初期的主要发展特点是制造的全球化及向发展中国家转移。机械加工与机床技术无所不在，而且全球的制造商都可获得。在全球范围内合作定制关键零部件并完成产品的最终装配；利用全球的物流，将产品推向顾客，这是对传统制造模式的革命，是真正的全球化制造。各国机床生产数量的变化就是全球化制造的显著指标之一。图 1-2 给出了世界范围内，从 1980 年到 2014 年，机床生产数量的分布。中国大陆、德国、日本、意大利、韩国、中国台湾、瑞士与美国始终是前几位的机床生产国家和地区。机床工业的波动及亚洲国家的兴起，是制造业转移的明显佐证。生产的下降显然是由于世界经济的不景气，而 2009 年和 2012 年的显著上升又使这种趋势得以逆转，如图 1-3 所示。

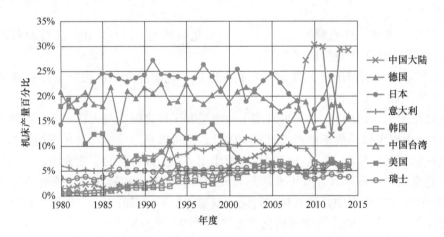

图 1-2　1980 年至 2014 年各地区机床生产数量分布（来源：Gardner）

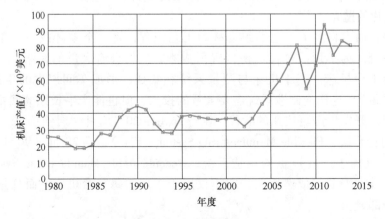

图 1-3　1980 年至 2014 年全球机床生产数量总值（来源：Gardner）

1.4　机床制造总体要求

机床首先必须满足生产中的技术进步对其提出的最高要求。除了单纯的功能必须满足要求外，操作必须便利（应考虑机床的控制和布局）。同时必须遵守现有的规范标准，主要体现在以下几个方面：

- 静态、动态及热负载下的精度（几何精度和运动精度）。
- 长期的稳定性。
- 自动化程度。
- 可靠性。
- 对环境的影响（能耗、碳排放、噪声、粉尘、污染等）。

加工过程中机床的变形将影响其性能及精度。不同类型的机床受静态、动态与热控制等诸多因素的综合影响各不相同。产品的精度、表面质量、生产批量及机床的生产效率，都取决于其性能。

进一步来说，能否经济地使用机床，依赖于机床的自动化程度。自动化不仅取决于实际的工艺周期，而且应考虑上料、落料及废料处理的需求。政府做出的标准是确保满足安全性、能源消耗及可持续发展方面要求，并且在环境允许的范围内生产，其目标是减少工业事故，使工厂更加安全、更加宜人。但不应忽视的是，这个目标在一定程度上与机床的生产效率和经济性是矛盾的，故必要的折中常常是不可或缺的。

考虑以上的制约因素，机床作为一种生产装备，其性能应高效地满足生产的需要，如图 1-4 所示。首先，按照已确定的生产工艺，根据生产的需要及合理的工艺方法，确定工艺参数，如运动轴的数量与位置、加工单元的工艺能力等。机床加工所能获得的工件预期的加工精度和表面粗糙度，是确定机床部件刚度的关键因素。机床的功率取决于预期的负载。加工工件的品种及预期的生产批量，决定了机床应具备的自动化形式及自动化程度。

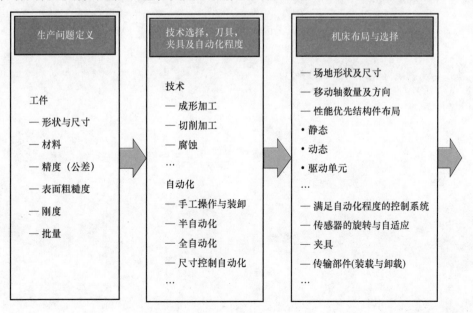

图 1-4　专用机床的选型及方案设计

课后习题

1.1　阐述机械加工与机床对社会的重要性，要求查询以下的最新统计数据：

（1）美国制造业各行业的用工数量。

（2）不同国家在一段时间内的机床生产、进口和出口数量（至少5国）。

（3）除美国外任一国家的切削机床与各种成形机床的保有量。

（4）切削速度随年代的演进。

（5）加工精度随年代的演进。给出准确的参考文献。

1.2　用500~1000字，总结从以上世界各国机床的统计资料中你学到了什么。

1.3　在机械工程（ISSN 0025-6501）或制造工程（ISSN 0361-0853）两本期刊中，选取并精读一篇关于美国或全球的机械加工或机床工业而非特殊装置或设备的文章，用500~1000字，总结从中学到的经验教训并对文章加以评论。

第 2 章

单齿刀具切削工艺

2.1 切削相关运动

切削工艺的本质是通过刀具和工件间适当的相对运动，生成所需的表面。每一切削刃切除一层工件材料，被切除的材料通常称为切屑。加工所得最简单的表面为平面或内外圆柱面。例如，刀具作前进、后退的往复直线运动，工件位于刀具下方并与刀具运动方向垂直作直线进给运动，则工件表面形成平面。类似地，圆柱面可以通过工件的旋转及刀具平行其轴线作进给运动来获得。总之，机床必须提供两种运动，分别称为主运动和进给运动，定义如下：

主运动是由机床提供，并使刀具与工件之间产生相对运动的主要运动。通常，主运动消耗切削加工所需的大部分功率。例如，在平面的加工中，刀具相对于静止工件的运动是主运动；在圆柱面的加工中，工件相对于静止刀具的旋转运动是主运动。

进给运动是由机床提供给刀具或工件的次要运动，与主运动相配合，可以重复或连续地切除材料。进给运动只消耗切削加工所需的较少部分功率。在平面的加工中，工件相对于机床本体的运动是进给运动；而在圆柱面的加工中，刀具相对于机床本体的直线运动是进给运动。

目前，机床常常是由复杂的电子装置控制，使其能够对多个指令作出响应，同时完成多个运动。这样使得车削、铣削、钻削及磨削等加工方法的功能定义变得越来越模糊，而且每一行业对加工功能的组合及机床的结构配置都有其专用的术语。不过常用的金属切削机床，仍可按刀具的基本类型分为三类。刀具的类型分别是：（1）单齿刀具；（2）多齿刀具；（3）磨料刀具。

2.2 单齿切削机床

单齿刀具有一个刀尖和一个刀柄，通常用于车床、刨床、镗床及类似的机床。典型单齿刀具加工如图 2-1 所示。考虑切削中刀具与工件间的几何关系，κ_r 称为主偏角，是刀具的重要角度之一；待切削层材料的厚度 a_c 称为切削厚度（未变形切屑厚度），其值的测量应垂直于主切削刃和切屑流出方向；对各类机床，进给量 f 的定义都是刀具或工件每转一圈或者往复运动一次时，刀具相对于工件的轴向位移量。因此，有

$$a_c = f\sin\kappa_r \tag{2-1}$$

可以看出，当 f 不变时 a_c 随 κ_r 的增大而增大。可以看出，切削厚度越大，单位切削能 $[p_s$，定义见式（2-6）] 越低，即需要的切削力/功率小，通常这是优点。另一方面，增大 κ_r，

表面粗糙度值也会增大，这一点从后面的式（2-9）可以看出。

当刀尖圆弧半径很小时，待切削层材料的横截面积 A_c 可近似为

$$A_c = fa_p \tag{2-2}$$

式中，a_p 为背吃刀量（切削深度）。

应注意到，一部分材料是由接近刀尖的副切削刃切除的。副偏角 κ_r' 通常不为零，以避免刀具与已加工表面间的划擦。因此保持副偏角为一个较小的正值，可以减小已加工表面的轮廓高度。下一节会对此进行说明。

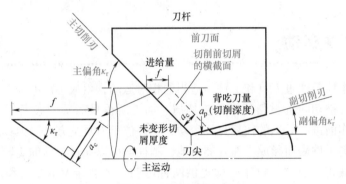

图 2-1 单齿刀具加工

2.2.1 车床与车削加工

车削加工，即由单齿刀具切除绕自身轴线旋转工件的内外表面材料。典型的车床如图 2-2 所示。包括床身及其支承的主轴箱、尾座及溜板箱。工件的一端由卡盘夹紧，而卡盘装在主轴的前端；另一端由装在尾座上的顶尖支承。根据工件长度的不同，尾座可以在床身长度方向任意位置固定。短的工件，由于径向刚度较大，加工时只需由卡盘夹持一端；而对于特别长的工件，为了减小其挠曲，常在主轴头部和尾座间使用中心架。

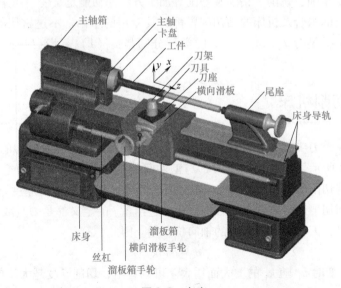

图 2-2 车床

　　稍复杂的车床还配备有转塔刀架。转塔刀架分四边或多边的，每边装一把刀具。车削时，操作者转动刀架，以一次装夹完成更多的加工。转塔刀架可以在侧面，以完成外圆（Outside Diameter，OD）表面的加工；也可以代替尾座安装在床身的尾部一侧，以完成内圆（Inside Diameter，ID）表面的加工。

　　主运动，即工件的旋转，由主电动机通过一系列传动齿轮驱动主轴旋转得到。主轴及齿轮均安装于主轴箱内。刀具由刀座夹持并装在横向拖板上，依次又装在溜板箱上。溜板箱由丝杠驱动沿床身导轨作 z 向运动，而丝杠经齿轮副与主轴相连。当齿轮副驱动横向滑板上的丝杠，以使刀座作 x 向运动时，溜板箱可在床身上保持静止。图 2-2 中的 xyz 坐标系是数控（CNC）车床惯用的约定。其中，z 轴为主轴回转轴线，$-x$ 指向操作者。

　　车床的额定参数是指其可以加工工件的最大直径。以沈阳机床厂生产的常规机床 CA6136 为例，最后两位 36 表示其可加工的工件最大回转直径为 360mm。

　　车床进给运动的动力装置常常与主轴分离。这样，进给量就与主轴转速不相关。当选定进给量后，不论主轴转速高低，进给量都会保持为常数。车削长度为 l_w 的圆柱面时，工件的旋转圈数是 l_w/f，加工时间 t 可由下式给出

$$t = \frac{l_w}{fn_w}\qquad(2\text{-}3)$$

式中，n_w 是工件转速，单位为 r/min。

　　图 2-3 给出了五种典型的车削加工工艺。图 2-3a 给出了外圆车削的几何关系。刀尖处的切削速度为 $\pi d_m n_w$，最大切削速度为 $\pi d_w n_w$。其中，d_m 是工件已加工表面的直径；d_w 是工件未加工表面的直径。通常，切削速度是指最大切削速度。平均切削速度 v 为

$$v = \frac{\pi n_w(d_w+d_m)}{2} = \pi n_w(d_m+a_p)\qquad(2\text{-}4)$$

材料去除率（Material Removal Rate，MRR）Z_w 可估算为

$$Z_w = A_c v = a_p f \pi n_w(d_m+a_p) = \pi(d_w-a_p)n_w a_p f\qquad(2\text{-}5)$$

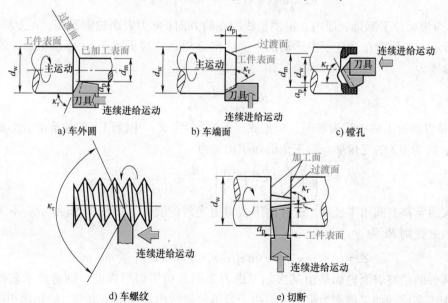

a) 车外圆　　　　b) 车端面　　　　c) 镗孔

d) 车螺纹　　　　e) 切断

图 2-3　车床典型加工方式

　　在给定条件下加工特定的工件材料，切除单位体积材料所需机械能 p_s 可以通过计算得到。尽管切屑厚度对 p_s 有一定影响，但还是将其假定为仅与材料性能有关的特定参数。为完成各种条件下切削加工，主电动机功率应为

$$P_m = p_s Z_w \tag{2-6}$$

　　几种材料的单位切削能 p_s 与平均未变形切屑厚度 a_c 的近似关系，如图2-4所示。

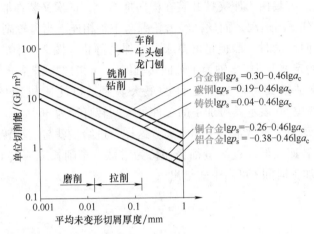

图2-4　各种材料与加工方法下的单位切削能（p_s）与平均未变形切屑厚度（a_c）的关系

　　图2-5a、b表示用锋利刀尖和带有较小圆弧半径的刀尖两种刀具分别车削加工所得工件表面轮廓的形状，表面轮廓的形状决定了表面粗糙度。而表面粗糙度是切削加工通常需要控制的参数之一。应用最广的两种表面粗糙度参数分别是轮廓算术平均或中线平均粗糙度 Ra

$$Ra = \frac{1}{L} \int_0^L \left| y(x) - \left(\frac{1}{L} \int_0^L y(x)\,dx \right) \right| dx \tag{2-7}$$

和轮廓最大高度（峰高到谷深）粗糙度 Rz

$$Rz = \max_{0 \le x \le L} [y(x)] - \min_{0 \le x \le L} [y(x)] \tag{2-8}$$

式中，x 为坐标位于测量表面内，沿测量线所在的方向；y 为表面轮廓高度；L 为测量长度。图2-5所示表面轮廓在垂直于主运动的平面内测量得到。对于图2-5a所示轮廓，轮廓最大高度粗糙度为

$$Rz = \frac{f}{\cot\kappa_r + \cot\kappa_r'} \tag{2-9}$$

　　Ra 是以高度上的中线为参照，根据式（2-7）的定义，中线以下的轮廓部分形成两个高为 $Rz/2$，底为 $f/2$ 的三角形。两三角形面积相加为

$$Ra = \frac{1}{f} \left[2\left(\frac{1}{2}\right)\left(\frac{R_t}{2}\right)\left(\frac{f}{2}\right) \right] = \frac{Rz}{4} = \frac{f}{4(\cot\kappa_r + \cot\kappa_r')} \tag{2-10}$$

　　刀尖通常都有圆角半径 R，这有助于获得更光滑的表面，如图2-5b所示。不考虑其他的次要因素，则 Rz 为

$$Rz = (1 - \cos\kappa_r') R + f\sin\kappa_r'\cos\kappa_r' - \sqrt{2fR\sin^3\kappa_r' - f^2\sin^4\kappa_r'} \tag{2-11}$$

　　若零件的最终表面轮廓是由某次加工的刀尖圆弧包络而形成的，则将此工艺称为精加工；精加工之前的加工则称为粗加工。由于副偏角通常比主偏角小得多，副切削刃的直线部

分更易切入工件材料。因此，当$\frac{f}{2} \leqslant R\sin\kappa_r'$时可定义为精加工。精加工时，式（2-11）可导出为

$$Rz \approx \frac{f^2}{8R} \tag{2-12}$$

Ra 的通式较复杂，但对于精加工，可近似写为

$$Ra \approx \frac{f^2}{32R} \tag{2-13}$$

以上讨论的表面粗糙度估算值，只是理论的下限值，忽略了许多与材料相关的影响因素，如积屑瘤、刀尖破损及振动等，这些因素往往增大了零件的表面粗糙度值。

理论计算可为加工参数的设计提供依据。例如，根据需要的表面粗糙度值和加工时间，可以确定优化的切削深度和切削速度；或者反过来，给定了切削工艺参数，则表面粗糙度值和生产率可通过以上公式估算得到。

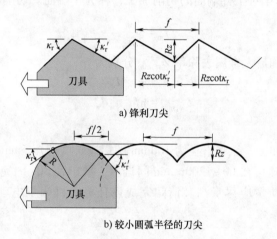

a) 锋利刀尖

b) 较小圆弧半径的刀尖

图 2-5 车削表面的几何轮廓形状

[例 2-1]

车削加工的条件如下：硬质合金刀具，主偏角 70°，副偏角 10°，刀尖圆角半径为 3mm；工件为 45 钢，棒料直径 90mm，长 200mm，车削后直径为 75mm；主轴转速为 300r/min，进给速度为 1.5mm/s。（a）估算粗糙度 Ra 和 Rz 的理论值，单位为 μm。（b）估算切削所需功率，单位为 kW。

解

（a）要确定 Ra 和 Rz，首先需通过检查$\frac{f}{2} \leqslant R\sin\kappa_r'$是否成立，以确定是粗加工还是精加工。

f=进给速度/主轴转速 = 1.5/5mm/r = 0.3mm/r。

$2R\sin\kappa_r'$ = 2×3mm×sin10° = 1.042mm→为精加工。

根据式（2-12）、式（2-13），有

$$Rz = \frac{f^2}{8R} = 0.3^2 / (8 \times 3) \, \text{mm} = 3.75 \, \mu\text{m}$$

$$Ra = \frac{f^2}{32R} = 0.3^2 / (32 \times 3) \, \text{mm} = 0.938 \, \mu\text{m}$$

（b）要估算所需功率，需用式（2-6），$P_m = p_s Z_w$。

切削深度 $a_p = (d_w - d_m)/2 = (90-75)/2 \, \text{mm} = 7.5 \, \text{mm}$

要得到 Z_w，需用式（2-5），$Z_w = \pi (d_w - a_p) n_w a_p f$。

$$Z_w = \pi (d_w - a_p) n_w a_p f = \pi (90-7.5) \times 5 \times 7.5 \times 0.3 \, \text{mm}^3/\text{s} = 2916 \, \text{mm}^3/\text{s}$$

切削厚度 $a_c = f \sin \kappa_r = 0.3 \sin 70° \, \text{mm} = 0.282 \, \text{mm}$。

根据图 2-4 查 p_s，结合 a_c，有 $\lg p_s = 0.19 - 0.46 \lg a_c \rightarrow p_s = 2.77 \, \text{GJ/m}^3$。

$$P_m = Z_w p_s = 2916 \times 2.77 \, \text{W} = 8076 \, \text{W} = 8.08 \, \text{kW}$$

图 2-3b 所示的由车床对工件端面的切削加工，称为车端面。切削时间可由下式得到

$$t_m = \frac{d_w}{2 f n_w} \tag{2-14}$$

最大切削速度 v_{max} 和最大金属去除率 $Z_{w,max}$ 分别为

$$v_{max} = \pi n_w d_w \tag{2-15}$$

$$Z_{w,max} = \pi f a_p n_w d_w \tag{2-16}$$

[例2-2]

现进行端面车削加工，欲将直径为 100mm 的铝棒长度切短 5mm。车刀主偏角为 78°，副偏角为 5°；主轴转速可在 60～1200r/min 间选取。要求在 30s 内完成加工，且在满足生产率的前提下，表面质量应尽量高。请问完成该任务，机床主电动机最小功率是多少？注意，不必考虑安全系数。

解

利用式（2-14）可计算得到进给量

$$t_m = \frac{d_w}{2 f n_w} \rightarrow f = \frac{d_w}{2 t_m n_w}$$

$$n_w = 1200/60 \, \text{r/s} = 20 \, \text{r/s} \rightarrow f = \frac{100}{2 \times 30 \times 20} \, \text{mm/r} = 0.083 \, \text{mm/r}$$

如果进给量大于 0.083mm/r，表面质量将下降；如果进给量小于 0.083mm/r，则加工时间将超过规定值。所以进给量应为 0.083mm/r。

应注意到，如果采用的主轴转速 $n_w < 20 \, \text{r/s}$，为满足加工时间的限制，进给量 f 必须大于 0.083mm/r，加工表面质量也将下降。

切削厚度 $a_c = f \sin \kappa_r = 0.083 \sin 78° \, \text{mm} = 0.081 \, \text{mm}$

由式（2-16），有 $Z_{w,max} = \pi f a_p n_w d_w = \pi \times 100 \times 20 \times 0.083 \times 5 \, \text{mm}^3/\text{s}$，且 $P_m = p_s Z_w$。

从图 2-4 可知：$\lg p_s = -0.38 - 0.46 \lg a_c \rightarrow p_s = 1.32 \, \text{J/mm}^3$。

$$P_m = \pi \times 100 \times 20 \times 0.083 \times 5 \times 1.32 \, \text{W} = 3442 \, \text{W}$$

图 2-3c 所示的加工工艺称为镗孔，是在车床上生成内圆柱表面的加工工艺。注意，镗孔不是去加工得到一个新的孔，而只是扩大工件上已有的孔。镗孔的材料去除率是

$$Z_w = \pi a_p f n_w (d_m + a_p) \qquad (2\text{-}17)$$

图 2-3d 所示为外螺纹的加工，即车螺纹。通过调整丝杠的传动齿轮，主运动在工件上生成螺旋线，从而得到所加工螺纹的螺距。图 2-3e 所示的加工工艺称为切断，切断加工同时生成两个加工表面。当工件加工完成后需从卡盘装夹的棒料上分离时，采用切断加工工艺。

2.2.2 镗床

镗削加工主要是为了满足重、大型工件圆柱形内表面的加工需要。其主要特点是加工中工件保持静止，而所有的表面生成运动都由刀具完成，如图 2-6 所示。

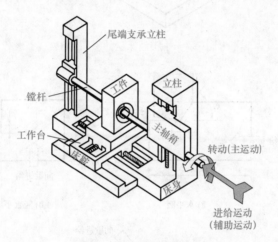

图 2-6 卧式镗床的加工

2.2.3 牛头刨床

牛头刨床的主运动是直线运动，如图 2-7 所示。单齿刀具夹持在刀座上，安装在滑枕端部，随滑枕做前进、后退的往复运动。前进行程是切削行程。滑枕的后退行程至尾部时，工件完成进给运动，该运动由棘轮-棘爪机构驱动横导轨上的丝杠实现。

图 2-8 给出了刨削水平面、竖直平面和倾斜面的几何示意。宽度为 b_w 的平面，加工时间 t_m 为

$$t_m = \frac{b_w}{f n_r} \qquad (2\text{-}18)$$

式中，n_r 为切削冲程的频率（每分钟内前进-后退冲程的次数）；f 为进给量。材料去除率 Z_w 为

$$Z_w = f a_p v \qquad (2\text{-}19)$$

式中，v 为切削速度；a_p 为切削深度（背吃刀量），如图 2-8 所示。切削厚度 a_c 为

$$a_c = f \sin \kappa_r \qquad (2\text{-}20)$$

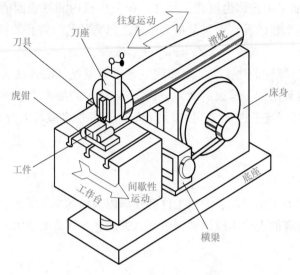

图 2-7　牛头刨床上的平面加工

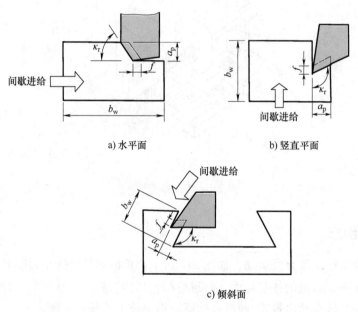

a) 水平面　　　　　　b) 竖直平面

c) 倾斜面

图 2-8　刨削加工

[例 2-3]

在 80mm×80mm×80mm 的 2020-T4 铝块毛坯上刨削平面，要求表面粗糙度 $Ra = 0.5\mu m$。牛头刨床前进行程的功率为 1.5kW，使用高速钢（HSS）刀具，主偏角为 80°，副偏角为 5°；加工中切削速度和进给量保持恒定，欲将坯料高度切至 78mm。（a）选择切削速度和进给量并满足表面粗糙度要求，并且在功率许可范围内，加工效率尽可能地高。（b）估算切削加工所需时间。

解

（a）由公式（2-9）确定进给量

$$Ra = \frac{f}{4(\cot\kappa_r + \cot\kappa_r')} \rightarrow f = 0.0005 \times 4 \times (\cot80° + \cot5°)\text{ mm} = 0.0232\text{ mm}$$

由式（2-19）、式（2-6），有 $Z_w = fa_p v$ 和 $P_m = p_s Z_w \rightarrow P_m = p_s fa_p v$。

$$a_p = 80\text{mm} - 78\text{mm} = 2\text{mm}$$

由图 2-4，有 $\lg p_s = -0.38 - 0.46\lg a_c$，其中 $a_c = f\sin\kappa_r = 0.0232 \times \sin80°\text{ mm} \rightarrow p_s = 2.37\text{J/mm}^2$。

$$1.5\text{kW} = 1500\text{W} = 0.0232 \times 2 \times v \times 2.37\text{W} \rightarrow v = 13640\text{mm/s}$$

（b）利用式（2-18）可计算加工时间 t_m，有 $t_m = b_w/(fn_w)$，其中 n_w 是工件进给频率（s^{-1}）。前进行程是 80mm，后退行程也是 80mm，因此一个往复行程是 160mm。切削速度除以往复行程的距离可得工件切削的频率，即 $n_w = v/$往复行程距离 $= 13640/160\text{s}^{-1} = 85.3\text{s}^{-1} = 85.3\text{Hz}$。

$$t_m = \frac{b_w}{fn_w} = \frac{80}{0.0232 \times 85.3}\text{s} = 40.5\text{s}$$

2.2.4 龙门刨床

牛头刨床不适合大型工件的平面加工，这是由于受到了行程长度和滑枕悬伸的限制。所以大型工件的平面加工可通过龙门刨床完成。工件做直线主运动，刀具做垂直进给运动，如图 2-9 所示。

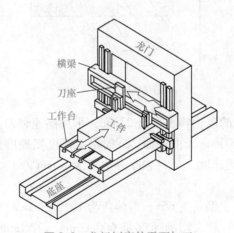

图 2-9 龙门刨床的平面加工

课后习题

2.1 材料为 2020-T4 的铝棒，直径 64mm，欲将其直径减小 5mm，加工长度为 105mm。车床主轴动力为 2kW；高速钢刀具主偏角为 70°，副偏角为 6°。假定工件一次车成，且表面粗糙度 Ra 小于 5μm。问主轴转速应为多少？加工时间多长？

2.2 图 2-10 所示为中空筒形件的端面车削加工，内径 d_i 为 20mm，外径 d_o 为 50mm。加工采用数控车床，可以读出刀具的瞬时位置。切削过程中，根据刀具的径向位置改变每转的进给量，以保证材料的去除率恒定为 549mm³/s。若切削深度为 1.5mm，切削时间为多少秒？若进给量保持不变，且开始切削时的最大材料去除率为 549mm³/s，切削时间又需要多长？

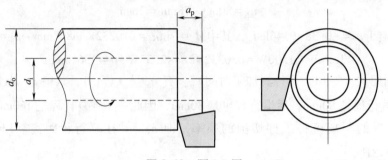

图 2-10   题 2.2 图

2.3   图 2-11 所示为某铸铁件的斜面刨削加工。前进冲程是切削冲程，且切削速度垂直纸面向外；间歇进给在后退冲程结束后进行。如果切削速度为 65mm/s，进给量为 0.5mm，切削深度 a_p 为 10mm，主偏角 κ_r 为 120°，副偏角 κ_r' 为 5°，问机床需要多大的功率？表面粗糙度 Rz 为多少？

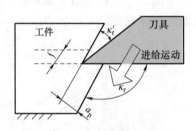

图 2-11   题 2.3 图

2.4   将直径为 25mm 的碳钢棒料车至 23mm，采用高速钢刀具，主偏角为 75°，副偏角为 5°。欲在 2min 内切削 300mm 长的表面，同时最大高度粗糙度值不超过 10μm，主轴转速最低应为多少（r/s）？照此速度，材料去除率为多少（mm³/s）？可以假设切削刃锋利，刀尖圆角半径为零。

2.5   某高速钢车刀，主偏角为 65°，副偏角为 10°，在 1kW 车床上车削 50mm 直径的铸铁棒。刀具不过热可承受的最大切削速度是 600m/min。若 1min 内切削长度达到 100mm，Ra 的最小值可为多少（μm）？最大径向切削深度可达多少？

第 **3** 章

多齿刀具切削工艺

多齿刀具可看作是两个或多个切削刀齿位于同一个刀体上。在切削过程中，通常情况下是多齿刀具旋转，而工件在平面内运动，该平面垂直于主轴旋转轴线（如铣削），或平行于主轴旋转轴线（如钻削）。虽然多齿刀具的几何形状及加工的零件特征与车刀及车削加工不同，但切屑形成的基本概念及切削能耗等都是相似的。

3.1 铣床与铣削工艺

铣床是通用性最好的机床之一，也是生产效率（材料去除率）最高的机床。铣床主要用于轮廓和平面加工。工件可以是棱柱状或含有多个侧面的形状。旋转刀具利用多个切削刃切除材料。加工中进给运动通过刀具或工件运动均可实现。如果旋转主轴的轴线垂直于加工表面，则称为端面铣削，如图 3-1 所示。端面铣削中，刀具端面和圆周面上均有切削刃。如果主轴平行于加工表面，则称为圆周铣削或立铣，如图 3-2 所示。圆周铣削时，切削刃只是在刀具圆周上。所有这些加工，进给运动都是在垂直于主轴的平面内。

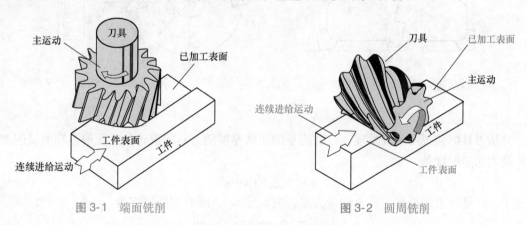

图 3-1　端面铣削　　　　　　　　　　图 3-2　圆周铣削

铣床的结构中，升降台最为简单。工件固定在床身上，并共同安装于升降台上，机床主轴安装于立柱上。升降台或主轴，或两者都可移动。对大型工件，可采用龙门铣床或桥式铣床，双立柱的设计，可为切削主轴提供更高的稳定性。

根据主轴的安装方式，铣床通常分为立式和卧式两种。选择哪种类型铣床，取决于工件的加工需求。立式铣床的运行成本较低，这是由于工作台平面内的运动需要较低的功率；大型工件的装夹更容易，而且由于工件装夹刚性好，也易于获得较高的精度。立式铣床也利于进行平板类工件的加工。

卧式铣床的加工成本往往较高，这是由于工件装夹在立式夹具上。不过，切屑的清理更容易，大型复杂工件的加工也较方便，对工件垂直高度的限制也更少。

还有一种"万能"型铣床，其主轴头可以旋转，因而既可以进行立式也可以进行卧式加工。这样虽拓展了功能，但增加了机床的成本和主轴头的定位误差。

端面铣削铣刀的刀具角度如图3-3所示。当$\theta = 0°$时，切削厚度最大，且切削刃平行于进给方向，如图3-4所示。画有剖面线的切屑宽度b为

$$b = \frac{d}{\cos\kappa} \tag{3-1}$$

式中，d为轴向切削深度；κ为余偏角。

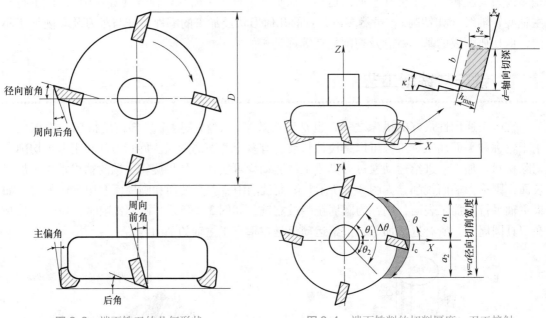

图3-3 端面铣刀的几何形状   图3-4 端面铣削的切削厚度、刀工接触
                                        长度及加工表面粗糙度

从刀具的俯视图可以发现，径向测量的切削厚度随刀具的旋转是变化的。端面铣削加工的最大切削厚度是

$$h_{\max} = s_z\cos\kappa \tag{3-2}$$

式中，s_z是每齿进给量。若余偏角为零，则$h_{\max} = s_z$。瞬时切削厚度为

$$h(\theta) = h_{\max}\cos\theta = s_z\cos\kappa\cos\theta \tag{3-3}$$

式中，θ为角度坐标，且$\theta = 0°$为刀齿在进给方向；θ_1为切入角；θ_2为切出角。注意，θ_1和θ_2通常都定义为正值。断续切屑的长度可计算为

$$l_c = \frac{D\Delta\theta}{2} = \frac{D}{2}\left[\arcsin\left(\frac{2a_1}{D}\right) + \arcsin\left(\frac{2a_2}{D}\right)\right] \tag{3-4}$$

式中，D为铣刀直径；$\Delta\theta$为端面铣刀与工件的接触范围；a_1和a_2分别为工件切入、切出侧的宽度，如图3-4所示。这样，切削厚度可表示为：

$$h_{ave} = \frac{\int_{-\theta_2}^{\theta_1} h(\theta)\frac{D}{2}d\theta}{l_c} = \frac{Dh_{max}}{2l_c}\int_{-\theta_2}^{\theta_1}\cos\theta d\theta = \frac{Dh_{max}}{2l_c}(\sin\theta_2 + \sin\theta_1)$$

$$= \frac{s_z\cos\kappa[2(a_1+a_2)]}{D\left[\arcsin\left(\frac{2a_2}{D}\right)+\arcsin\left(\frac{2a_1}{D}\right)\right]}$$

(3-5)

估算切削厚度的重要意义在于可获得单位切削能并估算切削功率和切削力。

与单齿刀具的车削加工不同，端面铣削（或所有的铣削）的材料去除率（MMR）都不是恒定的，而是随时间变化的。这是由于刀齿断续切入及刀齿间的切削时间有重叠。因此切削功率也是随时间变化的。计算切削所需的总功率，在平均材料去除率估算的基础上，乘以一个放大系数，即 $P_m = p_s Z_{w,ave} n$，其中 $Z_{w,ave} = ad s_z N N_t$；放大系数 n 的取值范围是 $1.5 \sim 2$；变量 a 为切削宽度；N 为刀具旋转速度；N_t 为刀齿数；单位切削能 p_s 由式（3-5）给出的平均切削厚度估算。

端面铣削时，在进给方向与刀具轴线平面内，沿进给方向测量得到的加工表面轮廓，相当于车削时按照 $f=s_z$，$\kappa_r=(\pi/2)-\kappa$，$\kappa_r'=\kappa'$，且平行于主轴轴线方向测得的加工表面轮廓。因此，当刀尖圆角半径 $R=0$ 时，端面铣削的表面粗糙度 Rz 和 Ra 分别为

$$Rz = \frac{s_z}{\tan\kappa + \cot\kappa'}$$

(3-6)

$$Ra = \frac{s_z}{4(\tan\kappa + \cot\kappa')}$$

(3-7)

类似地，如果刀尖圆角半径不为零，则表面粗糙度 Rz 和 Ra 分别为

$$Rz = (1-\cos\kappa')R + s_z\sin\kappa'\cos\kappa' - \sqrt{2s_zR\sin^3\kappa' - s_z^2\sin^4\kappa'} \approx \frac{s_z^2}{8R}, \quad \frac{s_z}{2} \leq R\sin\kappa'$$

(3-8)

$$Ra \approx \frac{s_z^2}{32R}, \quad \frac{s_z}{2} \leq R\sin\kappa'$$

(3-9)

需要强调的是，式（3-6）~式（3-9）得出的结果为基于运动学的理论粗糙度值，不可能是准确值。正如主轴不可能是理想的，其回转轴线不同于其几何轴线。

根据运动学去估算端面铣削的加工时间和刀具寿命，比车削加工更困难。这是因为，在结束切削和开始切削的瞬间，切削不是连续的，这与车削加工不同。参照图 3-4，工件长为 L，切削加工时间为

$$t = \frac{L + \frac{D}{2}[1-\cos(\max(\theta_1, \theta_2))]}{s_z N N_t}$$

(3-10)

[例 3-1]

用直径为 55mm、4 个刀齿的铣刀在一铸铁件上切槽，如图 3-5 所示。刀齿的余偏角为 20°，副偏角为 10°，刀尖圆弧半径为 1.5mm。铣床主轴可提供的最大功率为 1600W。要求加工表面粗糙度 Ra 不超过 $0.2\mu m$。试估算轴向切削深度为 1.5mm 的最短切槽时间。注意：表面粗糙度安全系数取为 2.5。

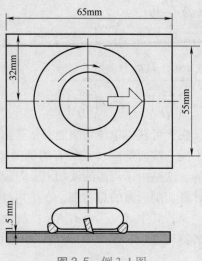

图 3-5 例 3-1 图

解

根据式 (3-9) 有 $s_z^2 \leqslant 32R \cdot Ra = 32 \times 1.5 \times \dfrac{0.0002}{2.5}\,\text{mm}^2 = 0.061^2\,\text{mm}^2$

取 $s_z = 0.06\,\text{mm}$ (检验: $s_z < 2 \times 1.5 \times \sin 10°\,\text{mm} = 0.5\,\text{mm}$ 成立)

平均材料去除率 $Z_{\text{w,ave}} = ads_z NN_t = 55 \times 1.5 \times 0.06 \times 4N = 19.8N$

根据式 (3-5), 平均切削厚度

$$h_{\text{ave}} = \frac{s_z \cos\kappa [2(a_1+a_2)]}{D\left[\arcsin\left(\dfrac{2a_2}{D}\right) + \arcsin\left(\dfrac{2a_1}{D}\right)\right]} = s_z \frac{2}{\pi}\cos\kappa = 0.036\,\text{mm}\ (\text{因为}\ \theta_1 = \theta_2 = 90°)$$

根据图 2-4, 有 $p_s = 5.06\,\text{J/mm}^3$

$$\text{最大功率} = \frac{1600}{2.5} > p_s Z_{\text{w,max}} = 1.5 p_s Z_{\text{w,ave}}\ (\text{式中}\ 1.5\ \text{为放大系数})$$

所以 $\hspace{4cm} N \leqslant 4.26\,\text{r/s}$

切削时间 $\hspace{2cm} t = \dfrac{L + D/2}{s_z N N_t} = \dfrac{65 + 55/2}{0.06 \times 4 \times 4.26}\,\text{s} = 90.5\,\text{s}$

[例 3-2]

长度为 5in 的铸铁件, 用直径为 2in 的硬质合金 4 齿面铣刀进行端面铣削, 如图 3-6 所示。刀片主偏角 45°, 副偏角 8°。欲在 20s 的时间内一次铣过整个 5in 的长度, 且加工表面粗糙度 Ra 不超过 1×10^{-4}in, 问可接受的主轴转速范围 (单位为 r/s) 是多少? 在此转速范围内, 平均切削功率是多少? 可假定刀片为锋利的尖角。

解

根据式 (3-7), 可知

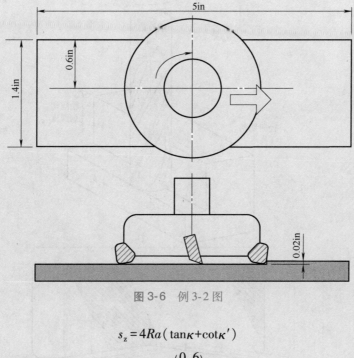

图 3-6　例 3-2 图

$$s_z = 4Ra(\tan\kappa + \cot\kappa')$$

$$\theta_1 = \arcsin\left(\frac{0.6}{2/2}\right) = 37°$$

$$\theta_2 = \arcsin\left(\frac{1.4-0.6}{2/2}\right) = 53°$$

根据式（3-10），可知

$$t = \frac{L+\dfrac{D}{2}\left[1-\cos(\max(\theta_1,\theta_2))\right]}{(v_f = s_z N_t N)} \Rightarrow N = \frac{L+\dfrac{D}{2}(1-\cos53°)}{Ra \times 4(\tan\kappa+\cot\kappa')tN_t}$$

$$= \frac{5+\dfrac{2}{2}\times0.4}{10^{-4}\times4\times(\tan45°+\cot8°)\times20\times4} = 20.8\,\text{r/s}$$

这是主轴转速的下限。本例转速没有上限，因没有给出主电动机的功率。

依此转速，$s_z = 10^{-4}\times4\times(\tan45°+\cot8°) = 3.24\times10^{-3}\text{in}$。另，根据式（3-5）有

$$h_{ave} = s_z\cos\kappa\frac{2(a_1+a_2)}{D(\theta_1+\theta_2)} = \frac{3.24\times10^{-3}\times\cos45°\times2\times1.4}{2(37°+53°)} = 2.04\times10^{-3}\text{in} = 0.052\text{mm}$$

根据图 2-4，单位切削功率约为 4.27GJ/m³（或 J/mm³）。则有

$$P_m = p_s Z_w = 4.27\times0.02\times1.4\times3.24\times10^{-3}\times4\times20.8\times0.0254^3\text{W} = 528\text{W}$$

图 3-7 所示为立铣刀的几何外形。主切削刃沿着刀具的刀槽，底刃位于刀具的底端。刀槽的螺旋角 α，可在刀具逐渐切入工件时，均化切削力的波动。内凹的角度 κ' 决定了刀具的底刃，而底刃对工件底面的表面粗糙度有较大影响。另一方面，加工侧面的粗糙度轮廓则受刀具直径、每齿进给量 s_z 及进给速度 v_f 的影响。

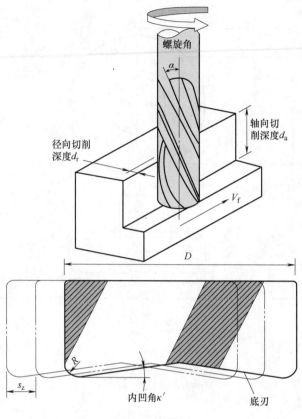

图 3-7　立铣刀

根据刀具切削速度与工件的相对关系，立铣加工分为顺铣和逆铣两种。通常情况下，逆铣加工（图 3-8a）工件的进给与切削刀齿的速度反向；顺铣加工（图 3-8b）工件的进给与切削刀齿的速度同向。逆铣得到的切屑较长，这是因为刀具与工件的接触长度更大。材料去除率相同时，较长的切屑意味着切屑更薄，加工表面凹凸更小、更光滑。但逆铣时，由于切削力向上的分力，使得工件有被抬起的趋势，使工艺系统稳定性下降。另外，逆铣时的切削温度通常较高，刀具寿命较短。

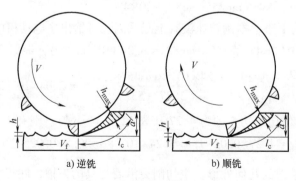

图 3-8　逆铣与顺铣的区别

图 3-9 给出了立铣加工时沿刀齿轨迹的切屑截面形状，以及刀-屑接触长度。可知，切屑长度 l_c 为

$$l_c = D\frac{\Delta\theta}{2} \tag{3-11}$$

式中，$\Delta\theta$ 是刀-屑接触的角度范围，可由下式得到

$$\Delta\theta = \arccos\left(1-\frac{a}{D/2}\right) \tag{3-12}$$

逆铣时，切屑的径向厚度由零逐渐增至最大值；而顺铣时，切屑厚度则由最大值逐渐减为零。无论哪种情况，最大切屑厚度均为

$$h_{max} = s_z\sin\Delta\theta = s_z\sin\left[\arccos\left(1-\frac{2a}{D}\right)\right] \tag{3-13}$$

切屑的平均厚度，是与三角形切屑截面积相等的长度为 l_c 的矩形截面切屑的厚度，即 $h_{ave}l_c = (h_{max}l_c)/2$，所以

$$h_{ave} = \frac{h_{max}}{2} \tag{3-14}$$

利用平均切屑厚度及其他切削参数，可用单位切削能的方法，估算立铣加工的切削力。

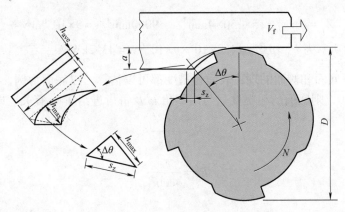

图 3-9　立铣加工切屑形状

[例 3-3]

某板料的铣削规范如下：刀具直径为 100mm，齿数为 10 齿，刀具材料为高速钢；工件材料为 45 钢，宽度 150mm；顺铣，刀具转速为 100r/min，切削深度 $a_p = 15$mm，$v_f = 4$mm/s。估算不考虑刀具磨损的新刀的平均切削功率为多少瓦（W）？

解

$$s_z = \frac{v_f}{NN_t} = \frac{4}{\frac{100}{60}\times 10}\text{mm} = 0.24\text{mm}$$

$$\Delta\theta = \arccos\left(1-\frac{a_p}{D/2}\right) = \arccos\left(1-\frac{15}{100/2}\right) = 45.6°$$

$$h_{ave} = \frac{1}{2}s_z\sin\Delta\theta = \frac{1}{2}\times 0.24\times\sin 45.6°\text{mm} = 0.086\text{mm}$$

由图 2-4 可知，切削厚度为 0.086mm 时，$p_s = 4.8$GJ/m³。

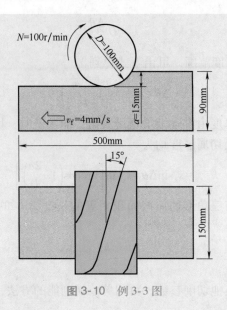

图 3-10   例 3-3 图

$$Z_w = a_p w v_f = 15 \times 150 \times 4 \, \text{mm}^3/\text{s} = 9000 \, \text{mm}^3/\text{s} = 9 \times 10^{-6} \, \text{m}^3/\text{s}$$

所需的平均功率为 $P_s = p_s Z_w = 4.8 \times 10^9 \times 9 \times 10^{-6} \, \text{W} = 43.2 \, \text{kW}$

立铣加工时，底面和侧面的理论表面粗糙度都可以估算。以底面为例，如果图 3-5 中的刀具圆角半径 $R = 0$，则底面的粗糙度只与内凹角 κ' 及每齿进给量 s_z 有关，即 $\kappa = 0$

$$Rt = \frac{s_z}{\cot\kappa'} \tag{3-15}$$

$$Ra = \frac{s_z}{4\cot\kappa'} \tag{3-16}$$

若 $R \neq 0$，则

当 $\dfrac{s_z}{2} \leqslant R\sin\kappa'$ 时，有

$$Rt = (1-\cos\kappa')R + s_z\sin\kappa'\cos\kappa' - \sqrt{2s_zR\sin^3\kappa' - s_z^2\sin^4\kappa'} \approx \frac{s_z^2}{8R} \tag{3-17}$$

当 $\dfrac{s_z}{2} \leqslant R\sin\kappa'$ 时，有

$$Ra \approx \frac{s_z^2}{32R} \tag{3-18}$$

图 3-6 中，沿进给方向，立铣加工的侧面由有效刀尖半径 $R = \dfrac{D}{2} \pm \dfrac{s_z N_t}{2\pi}$ 决定。其中，N_t 为刀齿数，"+"用于逆铣，"−"用于顺铣。注意，$\dfrac{s_z N_t}{\pi}$ 代表铣刀旋转半圈时进给的行程长度。因此

$$Rt \approx \frac{s_z^2}{8\left(\dfrac{D}{2} \pm \dfrac{s_z N_t}{2\pi}\right)} \tag{3-19}$$

$$Ra \approx \frac{s_z^2}{32\left(\dfrac{D}{2} \pm \dfrac{s_z N_t}{2\pi}\right)} \qquad (3-20)$$

切除切屑的总时间为（见下图）

$$t = \frac{\dfrac{D}{2}\sin\Delta\theta + L}{v_f} \qquad (3-21)$$

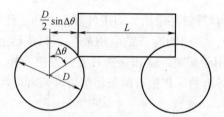

图 3-11　计算切除切屑的总时间

[例 3-4]

用 4 齿、20mm 直径的立铣刀加工铸铁工件。径向切削深度 0.5mm，轴向切削深度 35mm。目的是在 30 秒内一次切过矩形工件 200mm 长的一侧，表面粗糙度 Ra 小于 $2\mu m$。确定所需的主轴转速（r/min）。此例中主轴是否需要满足一个最低转速或最高转速，是多少？若按此极限转速加工，切削所需的平均功率（单位为 W）是多少？

解

由式（3-20），可知

$$Ra < \frac{s_z^2}{32\left(\dfrac{D}{2} + \dfrac{s_z N_t}{2\pi}\right)} \Rightarrow 0.002 < \frac{s_z^2}{32\left(\dfrac{20}{2} + \dfrac{s_z \times 4}{2\pi}\right)} \text{mm} \Rightarrow \text{每齿进给量 } s_z < 0.829\text{mm}$$

$$\Delta\theta = \arccos\left(1 - \frac{a}{D/2}\right) = \arccos\left(1 - \frac{0.5}{20/2}\right) = 18.2°$$

由式（3-21），可知

$$t < \frac{\dfrac{D}{2}\sin\Delta\theta + L}{s_z N_t N} \Rightarrow 0.5 < \frac{\dfrac{20}{2} \times \sin 18.2° + 200}{0.829 \times N \times 4} \Rightarrow N > 122.5\text{r/min}$$

此为可接受的最低主轴转速。转速越低，则加工时间越长。

由式（3-13）和（3-14）有

$$h_{ave} = \frac{1}{2}s_z \sin\left[\arccos\left(1 - \frac{a}{D/2}\right)\right] = \frac{1}{2} \times 0.829 \times \sin\left[\arccos\left(1 - \frac{0.5}{20/2}\right)\right]\text{mm} = 0.128\text{mm}$$

查图 2-4 有，铸铁件平均切削厚度为 0.128mm 时，$p_s = 2.8\text{J/mm}^3$。

平均功率 $= p_s Z_w = p_s a d s_z N_t N = 2.8 \times 0.5 \times 35 \times 0.829 \times 4 \times 122.5\text{J/min} = 19904\text{J/min} = 331\text{W}$

3.2 钻削工艺

钻床用于圆柱内表面（孔）的加工，且有中等的位置度、圆度和直线度精度。孔加工也可在车床、铣床或专用钻床及生产线特殊设备上完成。钻削加工的孔常用于螺栓和铆钉等的机械连接。钻削是攻螺纹、镗孔或铰孔的预先加工工艺，也是复合材料加工上使用最频繁的工艺之一。

最常见的钻削加工是刀具旋转并进给，而工件静止不动。此外还有工件旋转而刀具固定的加工方式。在钻削刀具中，多槽的麻花钻应用最广。麻花钻上的排屑槽呈螺旋状（扭转形成，因而得此名），并非用于切削，这和立铣刀上的刀槽一样。切削时，螺旋槽是切屑从孔内排出的通道。图 3-12 所示的麻花钻有两条切削刃，两者可切除等量的工件材料。

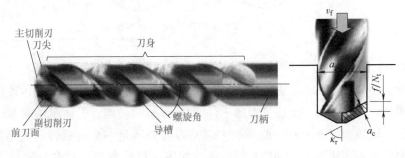

图 3-12　麻花钻

钻削速度定义为钻头圆周上的转动速度

$$v = \pi a_{\mathrm{p}} N \tag{3-22}$$

式中，N 为主轴的旋转速度；切削深度 a_{p} 在此为钻削直径。进给速度 v_{f} 是钻头对于工件的轴向切入速度。

$$v_{\mathrm{f}} = fN \tag{3-23}$$

式中，f 为每转进给量。切削厚度 a_{c} 可按式（3-24）估算

$$a_{\mathrm{c}} = \frac{f}{N_{\mathrm{t}}} \sin \kappa_{\mathrm{r}} \tag{3-24}$$

式中，κ_{r} 定义为钻头的主偏角，等于钻头的顶角的一半。加工深度为 l_{w} 的孔，其钻削时间为

$$t = \frac{l_{\mathrm{w}} + \dfrac{a_{\mathrm{p}}}{2} \cot \kappa_{\mathrm{r}}}{fN} = \frac{l_{\mathrm{w}} + \dfrac{a_{\mathrm{p}}}{2} \cot \kappa_{\mathrm{r}}}{v_{\mathrm{f}}} \tag{3-25}$$

材料去除率 Z_{w} 为

$$Z_{\mathrm{w}} = \frac{\pi v_{\mathrm{f}} a_{\mathrm{p}}^{2}}{4} \tag{3-26}$$

钻削功率为

$$P = p_s Z_w = p_s \frac{\pi v_f a_p^2}{4} \tag{3-27}$$

由此可估算钻削扭矩为

$$T = \frac{P}{2\pi N} = \frac{p_s f a_p^2}{8} \tag{3-28}$$

钻削力的估算较为困难。可假定切削力的合力作用在钻头的圆周上，且各切削刃上的切削力在钻头旋转轴线的垂直平面内，则切削力为

$$F = \frac{P}{v N_t} = \frac{p_s v_f a_p}{4 N N_t} = \frac{p_s f a_p}{4 N_t} \tag{3-29}$$

[例 3-5]

使用直径 12mm、顶角 120°的 2 刃高速钢麻花钻，在铝制工件上加工 50mm 深孔。驱动钻头的最大功率是 2kW，要求每孔的钻削时间不超过 5s，每加工 1200 个孔，停机并更换已磨损的钻头。刀具制造规范要求切向力不能超过 0.75kN，否则钻头会折断。经验表明，钻头的刀具寿命（L_t，单位为 s）由切削速度（v，单位为 m/s）决定，即 $L_t/60 = (0.4/v)^{10}$。试确定切削参数（进给速度和转速），分析受制于上述加工时间、刀具寿命、切削力及驱动功率等参数的加工是否可行。

解

要满足加工时间的要求，进给速度至少为

$$v_f = \frac{l_w + \frac{a_p}{2}\cot\kappa_r}{t} = \frac{50 + \frac{12}{2}\cot 60°}{5}\text{mm/s} = 10.7\text{mm/s}$$

为满足换刀要求，刀具寿命至少为 5×1200s = 6000s，因而切削速度不应高于

$$v = \frac{0.4}{(6000/60)^{0.1}}\text{m/s} = 0.25\text{m/s}$$

这样，主轴转速不应高于 $\frac{0.25 \times 10^3}{\pi \times 12}$r/s = 6.63r/s

理论切削厚度（最小值）为

$$a_c = \frac{f}{N_t}\sin\kappa_r = \frac{v_f}{N N_t}\sin\kappa_r = \frac{10.7}{2 \times 6.63}\times\sin 60°\text{mm} = 0.7\text{mm}$$

单位切削能为 $p_s = e^{-0.38-0.46\lg 0.7}$GJ/m³ = 0.5GJ/m³（或 J/mm³）。

所需功率为 $P = p_s\frac{\pi v_f a_p^2}{4} = 0.5 \times \frac{\pi \times 10.7 \times 12^2}{4}$W = 605W，小于 2kW，满足要求。

每一刀齿所受切向力为 $F = \frac{p_s f a_p}{4 N_t} = \frac{0.5 \times 10.7/6.63 \times 12}{4 \times 2}$kN = 1.21kN。

由于这一数值超过了刀具折断的力，不可能同时满足刀具寿命、每孔加工时间及所需切削力。解决该问题的一种办法是，使用多主轴的钻头，以较低的进给速度同时钻削

一组孔。较高的钻速可减少钻头的折断，但却引起较快的刀具磨损。这一现象很有趣，应引起注意。

[例3-6]

　　直径为 8mm 的 3 刃麻花钻，主偏角为 62°，在铸铁件上钻削深度为 50mm 的孔。钻床提供的主轴转速范围是 120~5000r/min。求在 45s 内钻削一孔的最小主轴功率是多少（单位为 W）？

　　解

　　由式（3-25）可知，$t = \dfrac{l_w + \dfrac{a_p}{2}\cot\kappa_r}{fN} \Rightarrow \dfrac{45}{60} > \dfrac{50 + \dfrac{8}{2}\cot 62°}{fN} \Rightarrow fN > 69.5\text{mm/min}$。

　　利用最低主轴转速 $N = 120\text{r/min}$，有最大进给量 $f = 0.58\text{mm/r}$，这样有可能得到最小的单位切削能。

　　由式（3-24）可知，$a_c = \dfrac{f}{N_t}\sin\kappa_r = \dfrac{0.58}{3} \times \sin 62° \text{mm} = 0.17\text{mm}$，有 $p_s = 2.48\text{J/mm}^3$（图 2-4）。

　　由式（3-27）有

$$\text{所需功率} = \frac{\pi f N a_p^2}{4} p_s = \frac{\pi \times 69.5 \times 8^2}{4} \times 2.48\text{J/min} = 8664\text{J/min} = 144\text{W}$$

课后习题

　　3.1　用 12 齿面铣刀对发动机缸体进行铣削加工，如图 3-13 所示。操作要求为：切削刀具：12 齿硬质合金方刀片，刀尖圆角半径 1mm；刀架及刀片本身的几何形状，使得刀齿径向、轴向前角均为 0，余偏角为 60°；加工工件为 500mm×200mm 长方形铸铁，顶面端铣深度 14mm。切削参数：转速 $N = 200\text{r/min}$，每齿进给量 $s_z = 0.5\text{mm}$。估算该切削加工所需的功率（单位为 kW）和转矩（单位为 N·m），切削时间（单位为 s）及加工表面粗糙度 Ra（单位为 μm）。

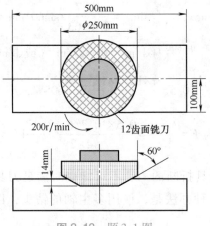

图 3-13　题 3.1 图

3.2 立铣加工碳钢坯料。机床最大功率为 1.5kW，刀具直径 24.5mm，4 齿，径向切削深度 5mm，轴向切削深度 40mm，逆铣；加工面长 60mm。如果加工时间不超过 60s，加工表面粗糙度 Ra 的最理想（小）值是多少？假定最大切削功率是平均切削功率的两倍，计算中不使用任何安全系数。

3.3 铸铁件圆周铣削如图 3-14 所示，包括内圆角、直线及外圆角三段。采用数控机床，程序中刀具进给速度为 4mm/s，转速为 $N = 180$r/min。

（1）切削直线段时，估算平均切削厚度、材料去除率及功率。

（2）针对内圆角段，重复以上计算。

（3）针对外圆角段，重复以上计算。

（4）根据你的计算，怎样编制数控机床刀具路径的程序，可使加工圆角时保持所消耗功率的恒定？

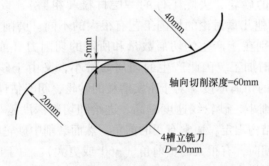

图 3-14 题 3.3 图

3.4 直径 15mm 的高速钢钻头（顶角 150°，两刃）钻削中碳钢。如果进给量为 0.1mm/r，无论转速高低，均不会导致钻头折断。如果在不超过 20s 的时间内钻削 35mm 深的孔，所需最小钻削功率是多少（单位为 W）？估算钻头的折断力矩（单位为 N·m）。

3.5 图 3-15 所示为端面铣削加工铸铁件。刀具直径 100mm，4 只刀片，径向切削深度 a 为 50mm，轴向切削深度 1mm，主轴转速为 1200r/min，进给速度 v_f 为 50mm/min。刀片余偏角 15°，副偏角 5°，无明显的刀尖圆角。估算加工表面粗糙度（单位为 μm）及平均切削功率（单位为 W）。注意，铸铁的单位切削能（p_s，单位为 GJ/m³）与平均切削厚度（a_c，单位为 mm）有关，即 $\lg p_s = 0.04 - 0.46 \lg a_c$。

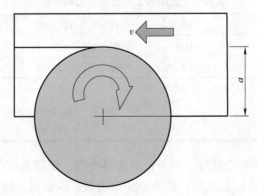

图 3-15 题 3.5 图

第 **4** 章

磨削加工工艺

4.1 磨床与磨削加工概述

磨削是用高速旋转的砂轮，去除工件的一层材料（粗磨），或对工件表面进行光整（精磨）。磨削工艺与其他几章讨论的切削工艺有很大的不同。磨削与切削（车削、铣削、钻削等）两个主要的差别在于产生的切屑数量和所需的切削力（或能耗）不同。由于磨削中有大量的切削刃同时加工，因此产生的切屑非常小，又由于砂轮的每一磨粒形状不规则，很难估算未变形的切屑厚度。对于密实磨粒的砂轮，粗略估计切屑厚度在 0.00025 ～ 0.025mm 之间。磨粒越细小、砂轮线速度越高、进给和切削深度越小，切屑厚度越小。切削加工采用的刀具几何结构固定，通常有正的前角。然而磨削中砂轮的砂粒细小，在砂轮表面无统一的几何结构及朝向，有很大的负前角（-60°或更大）。由于前角为负，砂轮与工件间为存在较多的划擦及犁耕作用，切除同样体积的切屑，要比切削加工产生更大的切削力和能耗。

尽管磨削有一些不利的方面，但这些都可以通过选择合适的磨削参数加以控制。如立铣加工，轴向切削深度是 10mm 量级，但磨削加工至少可降低一个数量级；磨削加工砂轮的线速度通常在 10～25m/s，而切削速度只有它的 10%～20%。通过合理地选择磨削参数，磨削的优势就会凸显出来。首先是加工表面粗糙度。切削加工中，受切削刃数量的限制，Ra 是 1μm 量级；磨削加工中，切削刃的数量提高了几个数量级，Ra 的改善也是几个数量级。此外，磨削可有效地用于硬脆材料的加工，如刀具材料、陶瓷、玻璃（或光学）零件等加工。这是由于磨削加工的切削厚度小，限制了零件表面脆性破坏裂纹的扩展。

表 4-1 切削加工与磨削加工的比较

	切削刃几何形状	前角	切削厚度	单位切削能	切削速度	表面粗糙度 Ra	工件材料类型
切削	确定	+	>0.05mm	低	<20m/s	>1μm	软/塑性
磨削	随机	-	<0.025mm	高	>20m/s	<1μm	硬/脆性

4.2 砂轮型号

砂轮型号（GB/T 2484—2018），用于指定磨料类型、粒度及结合方式等。

• 磨料类型包括：（A）氧化铝，铁族金属应用最广的磨料，较软，韧性好；（C）碳化硅，非铁族金属应用最广的磨料；（Z）锆刚玉，韧性最好的磨料之一，用于高冲击的粗磨，如切断；（B）立方氮化硼（CBN），属超硬磨料，适用于铁族材料，既硬又脆，由于成本较高，通常只是在金属轮毂上粘接一薄层；（D）金刚石，超硬磨料，适用于非铁族类材料和陶瓷。

- 粒度是指每英寸长度上，磨粒通过网筛的线数。如，120 目是指磨粒能通过每英寸120 线的网筛，而不能通过下一更细的 150 线的网筛。因此，粒度号数与颗粒尺寸成反比，如 30 号大于 36 号。标准的粒度号数是 8、10、12、14、16、20、24、30、36、46、54、50、70、80、90、100、120、150、180、220、240、280、320、400、500、600 等。

- 硬度用字母表示，指砂粒从砂轮上剥离的难易程度。硬度从 A 至 Z，其中 A 表示硬度最低。

- 结构采用数字代码（0~25），表示相对的孔隙率，即磨粒间的间距。数字小，表示组织紧密。

- 将磨粒粘结在砂轮基体上的结合剂类型用一个字母代码表示：（V）陶瓷结合剂，是最常见的无机结合剂；（B）树脂结合剂；（R）橡胶结合剂，是最有弹性和韧性的结合剂；（E）虫胶结合剂，比陶瓷结合剂对热更加敏感。当磨削温度稍高时，磨粒易于脱落，可防止工件的烧伤；（M）金属结合剂，几乎只用于超硬磨料（CBN 或金刚石）。由于结合力强，价格昂贵的超级磨料几乎不会脱落。

4.3　平面磨削

平面磨削的砂轮配置与圆周铣削刀具的配置非常相似。平面磨削是为了得到高的公差等级、低的表面粗糙度值的平面或槽面。图 4-1 所示为平面磨床往复式磨削加工平面和切入式磨削加工槽面。两种磨削方法的材料去除率均为

$$Z_w = f a_p v_{trav} \tag{4-1}$$

式中，v_{trav} 为工件进给速度。

进入磨削区的材料与作为切屑被切除的材料体积相等，为

$$f a_p v_{trav} = a_p h_{eff}(\pi D_s n_s \pm v_{trav}) \quad 切入式磨削$$
$$f a_p v_{trav} = f h_{eff}(\pi D_s n_s \pm v_{trav}) \quad 往复式磨削 \tag{4-2}$$

式中，"+"用于逆磨；"−"用于顺磨；n_s 为砂轮主轴转速，单位为 r/s；v_{trav} 为工件进给速度；h_{eff} 为有效切屑厚度，可由式（4-3）计算

$$h_{eff} = \frac{f v_{trav}}{(\pi D_s n_s \pm v_{trav})} \quad 切入式磨削 \tag{4-3}$$

$$h_{eff} = \frac{a_p v_{trav}}{(\pi D_s n_s \pm v_{trav})} \quad 往复式磨削$$

h_{eff} 是一个不可测量的物理量，它只是将砂轮磨除材料理想化为连续的一层材料的厚度尺寸，并且是估算单位磨削能的一个合计量。磨头所需功率为

$$P = p_s Z_w = p_s f a_p v_{trav} \tag{4-4}$$

平面磨削的加工时间 t_m 为

$$t_m = \frac{b_w}{2 f n_r} \tag{4-5}$$

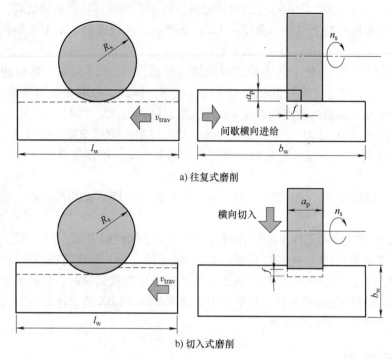

a) 往复式磨削

b) 切入式磨削

图 4-1 卧式平面磨削

式中，b_w 为往复式磨削的工件宽度，或切入式磨削的总磨削深度；n_r 为机床满负荷工作时工件往复运动的频率，可由式（4-6）计算

$$n_r = \frac{v_{trav}}{2\left[l_w + 2\sqrt{(D_s/2)^2 - (D_s/2 - a_p)^2}\right]} \tag{4-6}$$

应注意，砂轮每一次磨削的行程都应超出工件的尺寸，这为下一次磨削切入工件前留出空间。同时，砂轮往复时都与工件接触产生磨削，所以总是在顺磨和逆磨两种工况间转换。

评价磨削加工的重要指标之一是磨削比 G，定义为工件材料去除量与砂轮磨损量之比

$$G = \frac{磨除材料体积}{砂轮磨损体积} \tag{4-7}$$

由图 4-2 可见磨削比 G 的重要性。材料去除率、功率损耗及砂轮损耗率都依赖于磨削比 G。初始阶段，微量的摩擦不会增加材料的去除量。当磨削力达到某一阈值后，真正意义上的磨削才刚开始。之后，只要磨削力尚未超过某临界值，砂轮的磨损就非常缓慢，机械与热负载也非常有限。当磨削力超过这一临界值后，砂轮会过热，产生碎裂并磨损加快。因此，磨削力在临界值附近时，磨削比 G 会有一个峰值，这代表磨削过程的最佳状态。

以平面横磨为例，当砂轮径向磨损，即砂轮半径按线性速率 v_r 减小时，砂轮的（体积）径向磨损率约为

$$Z_r = \pi D_s a_p v_r \tag{4-8}$$

因此，平面横磨砂轮的磨削比为

$$G = \frac{f a_p v_{trav}}{\pi D_s a_p v_r} = \frac{f v_{trav}}{\pi D_s v_r} \tag{4-9}$$

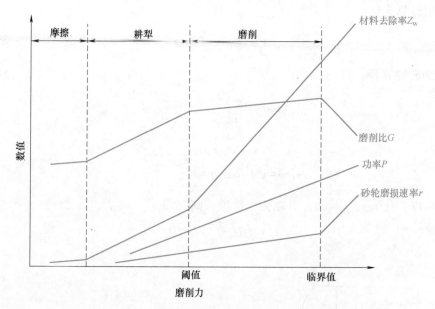

图 4-2　材料去除率、功率、磨削比和砂轮磨损速率与磨削力的关系

材料的去除率主要与磨削参数有关，而砂轮的磨损率则与许多因素有关，如砂轮本身的特性、磨削液及工件与砂轮的匹配是否合理。普通砂轮的磨削比 G 应在 $10 \sim 100$ 之间，超硬砂轮在 $100 \sim 1000$ 之间。根据砂轮的等级（由字母从 A 至 Z 表示），软砂轮比硬砂轮有较低的磨削比 G。

磨削过程中，工件与砂轮间的耕犁和划擦作用，造成磨粒磨损区域及摩擦力增大。当摩擦力增大到一定值时，或将磨钝的磨粒从砂轮基体剥离并暴露出锋利的新磨粒，或使磨钝的磨粒碎裂而形成了新的磨削刃，因此，砂轮有自锐性。考虑砂轮性能时，磨粒被剥离或碎裂前能承受多大的磨削力是非常重要的。

砂轮的磨粒硬度过高，将使砂轮的自锐性降低。磨削时，磨粒表面的磨损区域增大，砂轮表面很快就变得光滑。磨损的区域导致摩擦增大，磨削力增大，甚至工件过热。当砂轮处于这种低效状态时，必须用带有超硬材料，如金刚石磨粒的工具进行修锐，磨钝的磨粒脱落或破裂。新的锋利的磨削刃刚露出，此时的磨削比 G 很高，但很快就趋于稳定。稳定的磨削比会持续很长一段时间，这是磨削过程中最有效的阶段。随着磨削负载的增大，磨削比迅速下降，说明砂轮需要再修锐。

有些砂轮的特性正好相反，即砂粒易于脱落，称为软砂轮。极端情况下，软砂轮磨损的砂粒体积与工件材料磨除体积之比过大，则砂轮快速地改变了形状，必须不断修形。因此，在具体的加工工艺中选择砂轮，就是在软、硬之间进行折中。具体而言，以下几条原则可以在砂轮的选择时作为依据：工件材料较软时选择较硬等级的砂轮，以延缓砂轮的磨损；工件材料较硬时选择较软等级的砂轮，以提高砂轮的自锐性；对软且韧性好的材料，应选较大尺寸的磨粒（硬砂轮）；而对硬脆材料，则应选较小尺寸的磨粒（软砂轮）；追求高的表面质量，应选较小的磨粒；追求高的材料去除率，则选较大的磨粒。

除了磨粒及其黏结特性外，磨削条件在决定砂轮表现为软还是硬方面也起到了很重要的作用。图 4-3 所示为切入式磨削时，由单一磨粒切除的一层材料的近似形状。切屑的平均长

度 l_c 可近似计算为

$$l_c = \frac{D_s}{2}\theta \approx \frac{D_s}{2}\sin\theta \qquad (4\text{-}10)$$

式中，D_s 为砂轮直径；且

$$\cos\theta = \frac{(D_s/2) - f}{D_s/2} = 1 - \frac{2f}{D_s} \qquad (4\text{-}11)$$

故

$$\sin\theta = \sqrt{1 - \cos^2\theta} = \sqrt{\frac{4f}{D_s} - \frac{4f^2}{D_s^2}} \qquad (4\text{-}12)$$

将上式（4-12）代入式（4-10）并略去二阶项，则有

$$l_c = \sqrt{fD_s - f^2} \approx \sqrt{fD_s} \qquad (4\text{-}13)$$

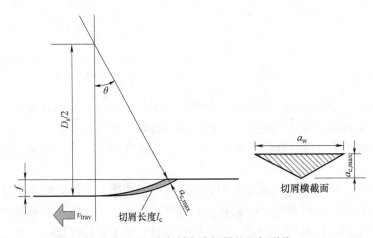

图 4-3　切入式磨削磨除切屑的几何形状

由于磨粒的形状各异，切除的切屑形状具有随机性。假设切屑横截面为图 4-3 所示的三角形，则切屑的平均体积 V_{ave} 为

$$V_{ave} = \frac{1}{4} a_w a_{c,max} l_c \qquad (4\text{-}14)$$

式中，a_w 为切屑的平均宽度；$a_{c,max}$ 为最大磨削深度（未变形切屑厚度），且二者的相关性可用磨屑的宽高比 r_g 表示

$$r_g = \frac{a_w}{a_{c,max}} \qquad (4\text{-}15)$$

单位时间内切除的切屑数量 N_c 为

$$N_c = v_t a_p C_g \qquad (4\text{-}16)$$

式中，v_t 为砂轮的线速度；C_g 为砂轮表面单位面积上有效磨粒的数量。估算 C_g 的一般方法为

$$C_g = \frac{1}{10}\left(\frac{1}{\frac{\pi d_g^2}{4}}\right) \approx \frac{1}{10 d_g^2} \qquad (4\text{-}17)$$

式中，d_g 为磨粒的平均直径，通常认为是确定磨粒粒度的筛网线距的 60%。如，120 目的磨粒能通过的筛网线距为（1/120）in，其平均粒径为 0.005in。

因为 $Z_w = V_o N_c$，由式（4-1）和式（4-13）~式（4-16），可有

$$a_{c,max}^2 = \frac{4v_{trav}}{C_g r_g v_t}\sqrt{\frac{f}{D_s}} \tag{4-18}$$

因为 $a_{c,max}$ 标志着磨粒切入工件的深度，所以磨削时，$a_{c,max}$ 越大，作用于每一磨粒上的力就越大。因此，任何磨削条件的改变若增大了 $a_{c,max}$，也就增大了砂轮的自锐性，砂轮也就表现得越软。按照上述公式，以下磨削条件的变化都将使得砂轮表现得更软：增大工件的往复速度 v_{trav}；增大横向进给量 f；降低砂轮线速度 v_t。应注意式（4-18）是在切入式磨削下得到的，若为往复式磨削，则采用 a_p 代替横向进给量 f。

[例 4-1]

采用 8in 直径的 SiC 磨粒、中密度砂轮，对不锈钢件进行切入式磨削加工。横向进给量为 0.3×10^{-3}in，工件纵向速度为 1.25in/min，砂轮硬度适中。现假定采用相同粒径和密度，且硬度不高于前者的直径为 6in 的砂轮，保持相同的材料去除率，问新的横向进给量和纵向速度的极值是多少？

解

$$a_{c,max}^2 = \frac{4v_{trav}}{C_g r_g v}\sqrt{\frac{f}{D_s}} = \frac{4Z_w}{\sqrt{fD_s}\, a_p C_g r_g v_t}\left(因为\ v_{trav} = \frac{Z_w}{fa_p}\right) = \frac{4Z_w}{\sqrt{fD_s^3}\, a_p C_g r_g \pi n_t}\left(因为\ v_t = \pi D_s n_t\right)$$

式中，n_t 为砂轮的旋转速度。为获得更大的磨削深度 $a_{c,max}$，有

$$f'D_s'^3 < fD_s^3 \Rightarrow f < \frac{fD_s^3}{D_s'^3} = \frac{0.3 \times 8^3}{6^3}\text{in} = 0.7 \times 10^{-3}\text{in}$$

为保证相同的材料去除率 Z_w，横向进给量 f 应于纵向速度 v_{trav} 成反比，因此

$$\frac{D_s'^3}{v_{trav}'} < \frac{D_s^3}{v_{trav}} \Rightarrow v_{trav}' > v_{trav}\frac{D_s'^3}{D_s^3} = \frac{1.25 \times 6^3}{8^3}\text{in/min} = 0.527\text{in/min}$$

磨削表面粗糙度的估算，可类比于立铣加工。立铣加工中，已知

$$Rt \approx \frac{s_z^2}{8\left(\dfrac{D}{2} \pm \dfrac{s_z N_t}{\pi}\right)}$$

以砂轮直径 D_s 代替铣刀直径 D；$s_z N_t/2\pi$ 一项通常忽略，因磨削时该项远小于 $D/2$；平面磨削时，s_z 对应于每颗有效砂粒的进给量，即

$$s_z = \frac{v_{trav}}{v_t}L \tag{4-19}$$

式中，L 为相邻磨削砂粒间的距离。这样 L/v_t 就为相邻两次切削的时间间隔。L 难以直接测量，但可以通过比较式（4-18）和图 4-3 中最大磨削深度来估算

$$a_{c,max} = s_z \sin\theta \tag{4-20}$$

因此

$$L \approx \frac{2}{C_g a_w} = \frac{2}{C_g r_g a_{c,max}}$$ (4-21)

[例4-2]

GCr15 轴承钢钢板尺寸为 200mm×300mm（机床纵向）×50mm，现用直径 150mm 的 60 目砂轮进行平面磨削，磨削深度为 0.1mm。砂轮转速为 20r/s，工件纵向往复周期为 4s，每次横向进给 2mm。估算磨削表面粗糙度及砂轮主轴所需功率。

解

由式（4-6）有

$$v_{trav} = n_r \left\{ 2 \left[L + 2 \sqrt{\left(\frac{D_s}{2}\right)^2 - \left(\frac{D_s}{2} - a_p\right)^2} \right] \right\}$$

$$= \frac{1}{4} \times 2 \times \left[300 + 2 \sqrt{\left(\frac{150}{2}\right)^2 - \left(\frac{150}{2} - 0.1\right)^2} \right] mm/s = 154mm/s$$

$$d_g = 0.6 \times \frac{1}{60} \times 25.4mm = 0.254mm$$

单位面积有效磨粒数为

$$C_g \approx \frac{1}{10d_g^2} = 1.55$$

最大磨削深度为

$$a_{c,max}^2 = \frac{4v_{trav}}{C_g r_g v_t} \sqrt{\frac{a_p}{D_s}} = \frac{4 \times 154}{1.55 \times 10 \times 150\pi \times 20} \times \sqrt{\frac{0.1}{150}} mm^2$$

$$\Rightarrow a_{c,max} = 0.010mm$$

由式（4-19）有 $s_z = \frac{2v_{trav}}{v_t C_g r_g a_{c,max}} = \frac{2 \times 154}{\pi \times 150 \times 20 \times 1.55 \times 10 \times 0.01} mm = 0.211mm$。

由式（3-19）有 $Rt \approx \frac{0.211^2}{8 \times 150/2} mm = 7.41 \times 10^{-5} mm$。

由式（4-3）有 $h_{eff} = \frac{0.1 \times 154}{\pi \times 150 \times 20} mm = 0.0016mm$，注意在本例中±154mm/s 是可以忽略的。

由图 2-4 有 $p_s = 10^{0.19-0.46lg0.0016} J/mm^3 = 29.93J/mm^3$。

由式（4-4）有 $P = 29.93 \times 2 \times 0.1 \times 154W = 921.8W$。

从本例可以看出，与车削、铣削工艺相比较，磨削通常是一种表面质量高、单位切削能高、功率低的加工工艺。

4.4　圆柱面磨削

圆柱面磨削包含砂轮和工件的旋转运动。这种磨削方式及下文将要讨论的无心磨削，是轴承套圈及其滚道最常用的精加工工艺。圆柱面磨削与圆柱面车削类似，因此若配备磨削附件，则在普通车床上也可进行磨削加工。除外表面，内表面也可根据相似的原理进行磨削。

一般来说，圆柱面磨削有两种方式，即往复式磨削和切入式磨削。图 4-4a、b 分别给出了二者的示意图。往复式磨削时，轴向进给速度 v_{trav} 为

$$v_{trav} = f n_w \tag{4-22}$$

式中，f 为工件每转的进给量，单位为 mm/r；n_w 为工件旋转速度，单位为 r/min。材料去除率为

$$Z_w = \pi a_p D_w v_{trav} \tag{4-23}$$

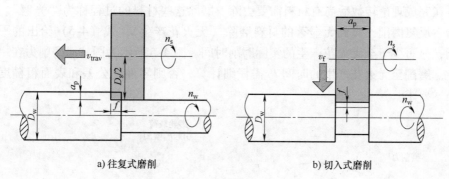

a) 往复式磨削　　　　　　　　b) 切入式磨削

图 4-4　圆柱面磨削

切入式磨削砂轮径向进给，因没有往复运动，砂轮会切入工件并形成一个沟槽。随着砂轮向工件深处的切入，材料去除率会不断下降。材料去除率的最大值为

$$Z_{w,max} = \pi v_f D_w a_p \tag{4-24}$$

式中，v_f 为砂轮进给运动的速度，可以表示为

$$v_f = f n_w \tag{4-25}$$

圆柱面磨削有效切屑厚度的概念可以从平面磨削中拓展而来。纵向磨削时，进入磨削区材料的体积与以切屑的形式切除材料的体积是相等的，则有

$$f a_p \pi D_w n_w = f h_{eff} \pi (D_s n_s \pm D_w n_w) \tag{4-26}$$

式中，"+"用于逆磨；"-"用于顺磨。

此式表明

$$h_{eff} = a_p \frac{D_w n_w}{D_s n_s \pm D_w n_w} \tag{4-27}$$

圆柱面横磨中 a_p 和 f 的定义不同于式（4-26），而计算 h_{eff} 的式与式（4-27）相同，只是用 a_p 代替 f。

这样，砂轮主轴所需的功率可以估算为

$$P = p_s Z_w = p_s \pi v_{trav} D_w a_p（往复式磨削）$$
$$P = p_s Z_w = p_s \pi v_f D_w a_p（切入式磨削） \tag{4-28}$$

切入式磨削砂轮所受力矩 T_s 和切向力 F_t 分别为

$$T_s = \frac{P}{2\pi n_s} = \frac{p_s v_f D_w a_p}{2 n_s} \tag{4-29}$$

$$F_t = \frac{P}{v_s} = \frac{p_s v_f D_w a_p}{D_s n_s}$$

法向力 F_n 可以通过切向力与法向力之比的经验系数 c_g 求得

$$F_n = \frac{F_t}{c_g} = \frac{p_s v_f D_w a_p}{c_g D_s n_s} = \frac{p_s (fn_w) D_w a_p}{c_g D_s n_s} \qquad (4\text{-}30)$$

c_g 的数值取决于砂轮的堵塞情况：锋利或新修锐的砂轮，c_g 值约为 0.7；磨削比 G 为恒定时的砂轮状态，约为 0.5；用钝或堵塞的砂轮，约为 0.3。

切入式磨削加工时，砂轮垂直于工件表面进给（横向进给），初始时实际进给数值总是小于机床设定的进给数值，这个差值是磨削力使得机床部件与工件产生挠曲变形的结果。因此，工件在完成理论转数后尚有材料需要去除。磨除这些材料的过程称为"光磨"。这只需在无进给下反复磨削，直到无显著的材料磨除（无火花产生）。式（4-5）给出的平面磨削加工时间，显著少于至无火花产生的实际磨削时间。图4-5所示为圆柱面磨削力在一个周期中的变化。磨削至无火花产生的时间 t_s 需仔细计算，否则零件的公差和表面粗糙度可能无法满足技术要求。

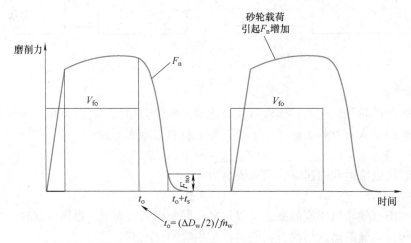

图4-5　典型的磨削至无火花产生的周期内磨削力的变化规律

图4-6中，磨削系统的总体刚度 k_{eq} 可以看作工件刚度 k_w、砂轮与机床刚度 k_s 及结合面接触刚度 k_c 的叠加

$$k_{eq} = \left(\frac{1}{k_s} + \frac{1}{k_c} + \frac{1}{k_w} \right)^{-1} \qquad (4\text{-}31)$$

法向磨削力引起磨削系统的径向偏离，其数值由刚度决定

$$\delta = \frac{F_n}{k_{eq}} \qquad (4\text{-}32)$$

由式（4-30）可以看出，法向力与每转进给量成正比。通过定义比例常数 $k_g = \frac{p_s D_w a_p n_w}{c_g D_s n_s}$（可以认为是磨削刚度），有

$$F_n = k_g f \qquad (4\text{-}33)$$

因此

$$f = \delta \frac{k_{eq}}{k_g} \qquad (4\text{-}34)$$

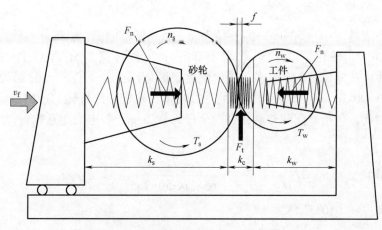

图 4-6 圆柱面横向无心磨削受力分析

随着法向力的变化，系统偏移的变化率影响瞬时进给速度 $v_f(t)$ 为

$$v_f(t) - \frac{\mathrm{d}}{\mathrm{d}t}\delta(t) = f(t)n_w \tag{4-35}$$

就图 4-5 中火花逐渐消失阶段，横向进给速度为零，磨削力呈现递减的自由响应。将 $\tau = t - t_o(v_f(\tau) = 0,\ \tau > 0)$ 及 $f(\tau) = \delta(\tau)\dfrac{k_{eq}}{k_g}$ 带入上式，有

$$\frac{\mathrm{d}\delta(\tau)}{\mathrm{d}t} = -n_w\frac{k_{eq}}{k_g}\delta(\tau) \tag{4-36}$$

其初始条件为：当 $\tau = 0$ 时，$\delta(0) = f(0)\dfrac{k_{eq}}{k_g} = \dfrac{v_f(0)}{n_w}\dfrac{k_{eq}}{k_g} = \dfrac{v_{fo}}{n_w}\dfrac{k_{eq}}{k_g}$。式（4-36）的解为

$$\delta(\tau) = \frac{v_{fo}k_g}{n_w k_{eq}}\mathrm{e}^{\left(\frac{-n_w k_{eq}}{k_g}\right)\tau} \tag{4-37}$$

或者由式（4-32）可得

$$F_n(\tau) = \frac{v_{fo}k_g}{n_w}\mathrm{e}^{\left(\frac{-n_w k_{eq}}{k_g}\right)\tau} \tag{4-38}$$

确定磨至无火花所需的修磨时间，必须基于与系统偏移或磨削力相关的一个标准。磨削力阈值 F_{no} 常用作此标准，因为法向力小于 F_{no} 时不能磨除工件材料。因此，光磨时间 t_s 可以定义为从停止进给到磨削力降至 F_{no} 所需的时间

$$t_s = \frac{k_g}{k_{eq}n_w}\ln\left(\frac{v_{fo}k_g}{F_{no}n_w}\right) \tag{4-39}$$

显然，光磨时间受很多变量的影响，包括磨削特性、工艺参数及砂轮或工件的几何形状。一般来说，缩短光磨时间必须有较低的磨削刚度 k_g，因相同的磨削深度下磨削力会小些；也需要较高的等效系统刚度 k_{eq}（由系统中柔性最高的单元决定）及较高的工件转速 n_w。应注意，以上分析假定单位磨削能与系统的偏移无关。如果单位磨削能的变化影响系统偏移，所需修磨时间要比式（4-39）计算值更长，因为如果 $f(\tau)$ 越小，则单位磨削能和磨削刚度就越大。

[例 4-3]

　　轴承套圈滚道（$OD=50\text{mm}$）的外径表面，采用圆柱面横向磨削。砂轮直径为 65mm，主轴功率为 5kW；砂轮宽度 12mm，转速 30r/s；工件转速 2.5r/s，工件的圆度公差为 0.1μm。工件材料为 52100 淬硬钢。接触刚度、磨床刚度及工件刚度分别为 100kN/mm、140kN/mm 和 800kN/mm。试根据提供的主轴功率，确定工件每转的径向进给量；估算磨削周期的总时间，包括磨削和修磨，磨削余量为 0.2mm。假定力比系数 c_g 为 0.5。

　　解

　　由式（4-27）有 $h_{eff}=f\dfrac{D_w n_w}{D_s n_s - D_w n_w}=\dfrac{f\times 50\times 2.5}{65\times 30 - 50\times 2.5}\text{mm}=0.068f\text{mm}$。

　　由图 2-4 有 $p_s=10^{0.19-0.46\lg(0.068f)}$。

　　由式（4-28）有 $5000=10^{0.19-0.46\lg(0.068f)}\pi\times 50\times 12\times 2.5\times f$，得

$$f=0.05\text{mm/r}$$

因此

$$k_g=\frac{p_s D_w a_p n_w}{c_g D_s n_s}=\frac{10^{0.19-0.46\lg(0.068\times 0.05)}\times 50\times 12\times 2.5}{0.5\times 65\times 30}\text{kN/mm}=32.5\text{kN/mm}$$

　　由式（4-31）有 $k_{eq}=\left(\dfrac{1}{100}+\dfrac{1}{140}+\dfrac{1}{800}\right)^{-1}\text{kN/mm}=54\text{kN/mm}$。

　　对于 0.0001mm 的零件公差，法向力的阈值为 $F_{no}=\delta k_{eq}=0.0001\times 54\text{kN}=0.0054\text{kN}$。

　　由式（4-39）有 $t_s=\dfrac{k_g}{k_{eq}n_w}\ln\left(\dfrac{v_{fo}k_g}{F_{no}n_w}\right)=\dfrac{k_g}{k_{eq}n_w}\ln\left(\dfrac{fk_g}{F_{no}}\right)=\dfrac{32.5}{54\times 2.5}\times\ln\left(\dfrac{0.05\times 32.5}{0.0054}\right)\text{s}=1.37\text{s}$

（注意：$v_{f0}=f(0)n_w$ 因此 $t_s=\dfrac{k_g}{k_{eq}n_w}\ln\left(\dfrac{f(0)k_g}{F_{no}}\right)$）。

$$t_o=\frac{0.2}{0.05\times 2.5}\text{s}=1.6\text{s}$$

　　总的磨削周期为 $t=1.6+1.37\text{s}=2.97\text{s}$

4.5　特种磨削工艺

4.5.1　缓进深磨削

　　除了磨削深度和往复速度以外，缓进深磨削的主要设置与平面磨削相似，同时对于外圆面也可进行缓进深磨削。传统的平面磨削（也称摆动式磨削）的磨削深度通常很小，而往复速度较快，即砂轮在工件表面往复运动，每次只磨去较薄的一层材料。缓进深磨削（也称大切削深度缓进给磨削），磨削深度大、进给速度低，所有材料一次磨除，这样磨削时间可大幅缩减，常用于难磨削材料的加工，如液压泵槽和燃气轮机叶片基座树形结构。

　　表 4-2 给出了传统磨削和缓进深磨削的主要区别。因为缓进深磨削的磨削深度约为传统

磨削的千余倍，而往复速度为传统磨削的 1/100，因此材料去除率可望达到传统磨削的数十倍。由于砂轮与工件的接触长度和接触面积更大，切屑更长，缓进深磨削的磨削力会更大，但单个磨粒的磨削力更小。这意味着可以使用更软的砂轮。但缓进深磨削常常带来很高的磨削温度，这使得砂轮寿命和工件表面完整性成为潜在的问题，因此建议使用较低的磨削速度和有效的冷却。采用结构更开放的砂轮，也有利于磨削液进入磨削区。

由于缓进深磨削有更大的磨削力，因此需要比普通平面磨削更大的刚度、稳定性和功率（3~5 倍）。也需要不断地修整砂轮，以使磨粒保持锋利，降低磨削温度和单位磨削能。

表 4-2　传统磨削和缓进给磨削的比较

实 验 设 置	传统平面磨削	缓进深磨削
砂轮	A60 H8V	相当
直径/mm	254	相当
线速度/(m/s)	30.5	相当
磨削深度/μm	5.1	5100
往复速度/(m/s)	0.31	0.0031
单位面积的有效磨粒数 C_g/cm^{-2}	186	93
磨屑宽高比/r_g	20	30
砂轮工件接触长度/mm	1.14	11.4
切向力/宽度/(N/cm)	28	84.1
径向力/宽度/(N/cm)	56	168.1
切向力/磨粒/N	1.33	0.8
径向力/磨粒/N	2.66	1.6

4.5.2　无心磨削

无心磨削与外圆磨削非常相似，只是工件的装夹和驱动方式不同。外圆磨削中工件由装在主轴头上的卡盘夹持和驱动；而无心磨削工件由托板支撑，并由导轮摩擦驱动（橡胶结合剂砂轮可提供较大的摩擦力），如图 4-7 所示。工件与托板之间通过工件的重力、竖直方向的磨削力及摩擦力形成必要的接触。

与外圆磨削和平面磨削类似，无心磨削也有横向和纵向磨削两种方式。后一种方式是指贯通进给无心磨削，即工件轴向进给通过砂轮与导轮实现。贯通进给需使导轮轴线相对于砂轮轴线偏离很小的角度（几度），不仅使工件旋转，而且使工件完成轴向进给运动。横向无心磨削，砂轮和导轮的轴线严格平行，而且导轮以固定的进给量向内进给。

无心磨削工艺广泛应用于轴承、汽车及航空工业，特别适合细长工件的磨削。因为在常规的圆柱面磨削中，细长工件的挠曲非常严重，而无心磨削时工件的磨削区完全支撑并形成其自己的轴线。

由于工件的支撑面（工件与托板之间）和磨削面（工件和砂轮之间）是同一表面，因此可将支撑面形状反馈复映至磨削面。这种误差复映效应（Lobbing Effect）是一种几何的不稳定性，满足下式则有可能发生：

$$\alpha = a\beta, \quad \pi - \beta = b\beta \quad （\alpha \text{ 和 } \beta \text{ 均为弧度制}）$$

(4-40)

式中 a 为偶数；b 为奇数；β 通常设为 $7°$ 或 $8°$。

除了几何的不稳定性，还有动态不稳定性，二者都影响机床磨圆工件的能力。为避免动态的不稳定性，必须使用高刚度的机床。

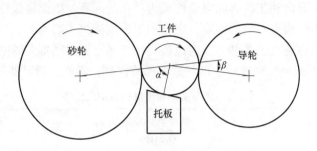

图 4-7 无心磨削加工

课后习题

4.1 直径 75mm、宽度 15mm 的砂轮 A80-M12V，用于 50mm×50mm 的 1040 钢件的往复式平面磨削。工件的往复速度为 1mm/s，径向磨削深度为 1.5mm，轴向的间歇进给为 10mm/r，砂轮线速度为 314mm/s。试估算所需的磨削时间（不包含无火花磨削）和主轴功率。

4.2 推导平面切入式磨削的控制方程及其解。考虑两种无火花磨削方式：

（1）减小工件进给速度，采用单次无火花磨削获得的尺寸精度。

（2）相同的工件进给速度，采用多次无火花磨削获得的尺寸精度。

4.3 圆柱面往复式磨削，采用 100mm 直径的 Al_2O_3 砂轮，将 50mm 直径的钢件磨至 49mm。砂轮转速为 2400r/min，工件转速为 1200r/min，磨削长度为 120mm；磨削系统的刚度为 5kN/mm，力比系数约为 0.5。以工件 0.05mm/r 的轴向进给量一次磨过后，无火花磨削（轴向进给可以不同于 0.05mm）后达到直径公差在 0.002mm 内。问，完成无火花磨削的最短时间是多少？可假设单位磨削能始终为 5J/mm³。

4.4 推导式（4-40）。注意，推导可能会非常复杂，但是已有研究论文证明（参考文献 [28]、[29]）。

第 5 章

机 床 部 件

　　机床的功率、精度、准确度和速度在很大程度上影响了所生产的零件和产品的质量及成本。为了满足用户提出的功能要求，设计人员需要考虑的因素包括机床的尺寸、材料、配置和功率。随着机床设计和制造理念的发展，不同类型的机床之间的差异正在迅速淡化。五十年前，大多数机床只具有单一功能，如钻削或车削，并独立运行。通过增加自动转塔、换刀装置以及数控系统，使得车床成为车削中心、铣床成为加工中心。车削中心将单一刀头换成动力刀头，就变成了加工中心。这种具备多种工艺能力的加工中心可以完成所有的标准加工要求：车、铣、镗、钻，甚至磨削。在本章中，我们将从机床的基本部件着手研究机床的结构，包括床身、导轨、电动机、主轴、刀具和控制单元。这些部件的特性影响着机床的性能，同时，对通用机械的运转和性能也十分重要。

　　过去，加工工件的精度主要依赖于操作人员的水平。现在，零件的加工精度主要取决于机床部件的质量及其控制系统的精度。恒温条件下，普通车床的常规精度能够达到 $3 \sim 5 \mu m$。加工精度达到 $1 \mu m$ 以下的机床，称为精密机床；加工精度达到 $0.1 \mu m$ 以下的机床，称为超精密机床。

5.1 　床身

　　床身是机床的基础部件。它承载着机床所有的主动和被动部件、主轴部件、导轨、工作台、驱动器和控制装置。床身的结构主要取决于移动轴的位置、行程和方向，以及机床部件和组件的空间布局。床身设计同时受到其他因素的影响，包括工艺、切削力的大小、温度和环境条件、结构本身的可行性及其使用操作的条件等。

　　决定床身材料因素有：抗变形能力（刚度）、抗冲击和断裂性能（韧性）、热条件下的膨胀力（热膨胀系数）、吸振特性（阻尼）及车间环境下的适用性（耐腐蚀性），且要考虑成本。大多数床身选择以下材料：

　　● 铸铁，作为传统的机床床身材料，具有良好的刚度（弹性模量 $E = 50 \sim 110GPa$），强度（$\sigma_u = 100 \sim 300MPa$）和阻尼特性。几何形状可以采用铸造工艺获得，其成本也会随着产量增加而降低。缺点是铸件的尺寸受到模具费用的限制，也会存在需要使用螺栓连接、大截面需要退火处理等其他问题。

　　● 焊接钢具有更高的弹性模量（$E = 210GPa$）和强度（$\sigma_u = 400 \sim 1300MPa$），并通常采用加强筋以提高刚度。采用焊接工艺，就比较容易制造大截面构件，甚至可以在设计结束之后增加结构特征。焊接钢主要的问题是热变形,解决热变形的方法是采用循环冷却的整体结构,或者向床身空腔内灌入铅或沙子。

- 复合材料,包括聚合物、金属和陶瓷基体的复合材料,可以显著地改变机床的设计方法。基体材料和增强材料均可定制,以给特定的纤维轴向方向提供所需的强度。复合材料机床床身通常造价昂贵,尚未应用在实际工业生产中,其在高速高精度应用中具有极大的潜力。但设计中需要重点考虑的一个因素为复合材料与其连接部位的金属材料具有不同的膨胀系数。

- 陶瓷材料在 20 世纪 80 年代由日本人引入到床身设计中。陶瓷具有高强度、高刚度、良好的尺寸稳定性和耐腐蚀性,及优异的表面质量;缺点是其有较强脆性,且价格昂贵。

- 传统上,钢筋混凝土可提供所需质量和减振要求。而实际上,另外一种聚合物基体复合材料应用更广,其由粉碎性混凝土或花岗岩与聚合物基体结合而成。它由一家瑞士公司生产,具有比铸铁更好的阻尼特性,可以铸造成任何形状,不需要消除应力,并能嵌入紧固件和导轨。但是,它的强度($\sigma_u = 5 \sim 60 \text{MPa}$)和硬度($E = 20 \text{MPa}$)都不及金属,热扩散性也较差。

机床床身的刚度和阻尼特性是影响机床整体功能的重要因素。在切削过程中,机床需要抵抗静态和动态力。静态力伴随着机床和工件的质量而存在,使机床产生弯曲和扭曲变形,导致最终产品产生几何误差。动态力是由断续切削及切屑厚度变化引起的,它使机床产生受迫振动或颤振,大大降低了产品的质量和刀具寿命。

机床的静态特性描述了任意时刻所施加的载荷与机床产生的弹性变形之间的关系。更复杂的问题是,所施加的载荷会随着切削过程而变化,因此机床变形不会保持恒定不变。通常,任意时刻,形变和所施加载荷 F 之间的非线性关系会随着机械零件接触面积的增加而增加。图 5-1 给出了这种特性的变化趋势。一种常见的做法就是,假定它们是线性关系(这只适用于无接触的机械结构),为计算简单起见,使用平均刚度 k。

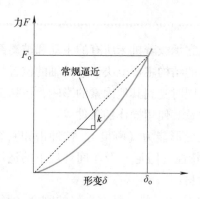

图 5-1 力与机床结构的形变和近似刚度

刀尖处的变形是由所有相应的机床部件和结构单元传递的力产生的。机床的静刚度通常可以认为是各关联部件的静刚度的弹性组合,这些部件均基于弹簧的串联或并联连接模型。图 5-2 显示了典型卧式镗床的刚度分析,在工作位置处,各坐标轴施加给主轴的载荷分别为 $F_x = F_y = F_z = 40000 \text{N}$。

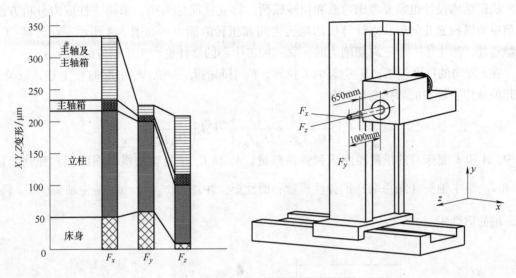

图 5-2 卧式镗床主要部件的挠度

[例 5-1]

下图表示了具有刀具、工件和夹具布局的立式加工中心。每个组件的刚度已确定且列出（见图 5-3）。试估算机床系统的总刚度。

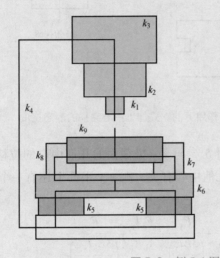

垂直刚度：

k_1=45kN/mm,刀具
k_2=20kN/mm,主轴箱
k_3=62kN/mm,主轴头
k_4=25kN/mm, 床身
k_5=78kN/mm,导轨
k_6=120kN/mm,工作台
k_7=35kN/mm,夹具A
k_8=42kN/mm,夹具B
k_9=58kN/mm,工件

图 5-3 例 5-1 图

解

注意：实线表示力的作用"流"，即力通量，表达了各部件之间的串联和并联关系。

$$k_{\text{total}} = \left(\frac{1}{k_1} + \frac{1}{k_2} + \frac{1}{k_3} + \frac{1}{k_4} + \frac{1}{2k_5} + \frac{1}{k_6} + \frac{1}{k_7 + k_8} + \frac{1}{k_9} \right)^{-1}$$

$$= \left(\frac{1}{45} + \frac{1}{20} + \frac{1}{62} + \frac{1}{25} + \frac{1}{2 \times 78} + \frac{1}{120} + \frac{1}{35 + 42} + \frac{1}{58} \right)^{-1} \text{kN/mm} = 5.77 \text{kN/mm}$$

机床结构设计也需要考虑弯曲和扭转载荷。将立柱简化为梁，采用弹性应力分析方法，用简单的横截面几何形状来计算机床抵抗弯曲和扭转的能力。如图 5-4 所示，在刀具-工件接触点处，产生了一个三向切削力时，立式加工中心的立柱也产生了相应的挠度。

在 z 方向的挠度包括：F_z 引起的 L 拉伸，F_z 引起的 l_z 压缩，F_z 引起的 l_y 上移，以及 F_y 引起的悬伸主轴头的弯扭变形，有

$$\delta_z = F_z\left(\frac{L}{AE}+\frac{l_z}{A_sE_s}+\frac{l_y^3}{3E_hI_{h,z}}\right)-F_yl_z\left(\frac{l_y^2}{2E_hI_{h,z}}\right) \tag{5-1}$$

式中，A 和 E 是床身的横截面面积和弹性模量；A_s 和 E_s 是主轴的横截面面积和弹性模量；E_h 和 $I_{h,z}$ 是主轴头（悬垂端）的弹性模量和惯性矩。注意：$I_{h,z}=\int_A z^2\,dA$ 是主轴头绕 x-z 截面之 x 轴的惯性矩。

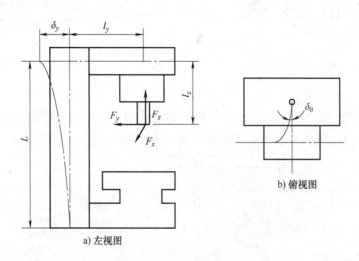

a) 左视图

b) 俯视图

图 5-4　三向切削力作用下的立式加工中心立柱的静态挠度

此挠度在 y-z 平面有一个平移分量 δ_y，与 x-y 横截面的几何中心的位移有关。另一个在 x-y 平面上的平移分量 δ_x，也与这个几何中心有关，在 x-y 平面上还有一个旋转分量 δ_θ。它们可由式（5-2）计算

$$\delta_y = \frac{M_x}{\left(\dfrac{2EI_y}{L^2}\right)}+\frac{F_y}{\left(\dfrac{3EI_y}{L^3}\right)}+\frac{F_yl_y}{A_hE_h}+\frac{F_y}{\left(\dfrac{3E_sI_{s,y}}{l_z^3}\right)} \tag{5-2}$$

式中，$M_x=F_zl_y-F_yl_z$；$I_y=\int_A y^2\,dA$，I_y 是立柱绕其 x-y 截面之 x 轴的惯性矩。式（5-2）的各项依次为：立柱的弯曲、立柱上的集中载荷、主轴悬垂端的缩短，以及主轴组件的集中载荷引起的挠度。在 x 方向上的挠度是

$$\delta_x = \frac{F_x}{\left(\dfrac{3EI_x}{L^3}\right)}-\frac{F_xl_z}{\left(\dfrac{2EI_x}{L^2}\right)}+\frac{F_x}{\left(\dfrac{3E_hI_{h,x}}{l_y^3}\right)}+\frac{(F_xl_y)Ll_y}{GJ_z}+\frac{F_x}{\left(\dfrac{3E_sI_x}{l_z^3}\right)}+\frac{(F_xl_z)l_yl_z}{GJ_y} \tag{5-3}$$

式中，$I_x = \int_A x^2 \mathrm{d}A$ 是绕 y 轴即穿过机架 x-y 截面几何中心的惯性矩；$J_z = \int_A (x^2 + y^2)\mathrm{d}A$ 是关于 z

轴的极惯性矩；$J_y = \int_A (x^2 + z^2)\mathrm{d}A$ 是关于 y 轴的极惯性矩。式（5-3）的各项依次为：立柱上的侧面集中载荷、立柱的弯曲、主轴悬垂端的侧面集中载荷、立柱的旋转、主轴组件的侧面集中载荷，以及主轴悬垂端的旋转引起的挠度。注意：式中的第四个项可以用图 5-4 中的 $T_\theta = F_x l_y$ 来描述。

$$\delta_\theta = \frac{T_\theta L}{GJ_z} \tag{5-4}$$

需要注意的是，这里假设所有的部件都是完全刚性的，除了立柱和主轴。基于弹性叠加原理，其他部件的挠度可以叠加到立柱的挠度上。上述分析没有考虑剪切应力，一般认为其相对来说非常小。此外，该分析不包括主轴、箱体和刀具的重量。这些因素会对立柱产生挠度，但仅仅是自重产生的。在切削前，对刀一旦完成，自重引起部件偏移对零件形状误差的影响将变得很小。

由于机床立柱的抗弯能力与其绕中性轴的惯性矩成正比，所以立柱的横截面几何形状是机床设计时的一个重要参数。图 5-5a 列出了各种不同截面的惯性矩，图 5-5b 列出了各种截面的极惯性矩。应注意的是，一种截面具有较强的抗弯能力不代表其具有较强的抗扭能力。如，椭圆截面（图 5-5a 中的第 7 个和图 5-5b 中的第 5 个）抗弯能力较差，但抗扭能力很强；而工字梁（图 5-5a 中的第 8 个和图 5-5b 中的第 6 个）具有很强的抗弯能力，但其抗扭能力几乎为零。一般来说，机床床身部件所需的较强的抗弯能力和抗扭能力均是通过使用加强筋来获得的，如图 5-6 所示。图 5-7 显示了不同加强筋结构的相对抗弯和抗扭能力。

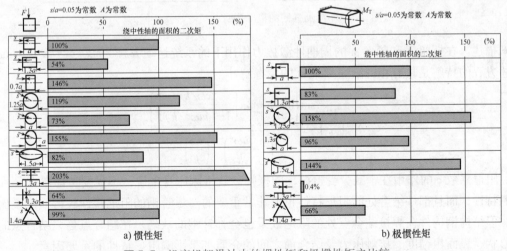

a) 惯性矩　　　　　　　　　　　　　　b) 极惯性矩

图 5-5　机床机架设计中的惯性矩和极惯性矩之比较

鉴于复杂机床的分析工作量巨大，因此，经常采用有限元仿真的方法来估算机床的挠度。

正如上一节所讨论的，由于刀具在加工过程中对工件的切入和切出，导致切削力会随着时间在一定范围内波动。机床动态特性对切削振动的影响可以通过单自由度的二阶动力学系

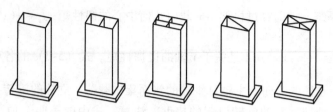

图5-6　机床立柱设计中的各种横截面

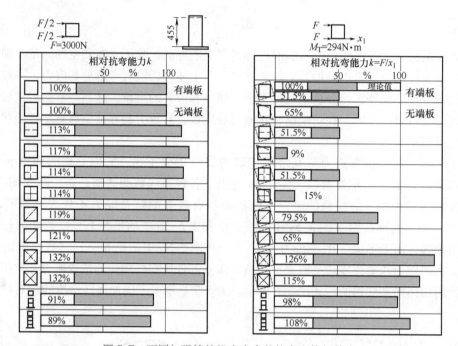

图5-7　不同加强筋的机床床身的抗弯和抗扭能力

统来描述。在振幅 F 和频率 ω 的周期性激振力作用下的系统运动方程为 $m\ddot{x}+c\dot{x}+kx=F_0\sin\omega t$。上述方程的特解是具有相同激振频率 ω 的稳态解

$$X=\left(\frac{F}{k}\right)\frac{\sin\left\{\omega t-\arctan\left[\dfrac{c\omega/k}{1-(m\omega^2/k)}\right]\right\}}{\sqrt{\left(1-\dfrac{m\omega^2}{k}\right)^2+\left(\dfrac{c\omega}{k}\right)^2}} \tag{5-5}$$

　　阻尼系数 c 的作用在于减少受迫振动的振幅。就机床床身来说，不仅要考虑单个部件的阻尼特性，而且部件结合处的阻尼特性也是非常重要的。尽管钢的阻尼特性较铸铁来说比较低，但结构钢构件在焊接结合点处的阻尼效果也会弥补钢的缺陷。在结合点处，结合点的几何形状、表面粗糙度、接触压力及结合面之间的介质都是影响阻尼特性的重要因素。

　　立柱结合面的表面粗糙度和接触应力也会对阻尼效果造成影响，如图5-8所示。结合面的阻尼产生的复杂机理还没有被完全了解，其动态特性也没有数学关系式来表达。通常，改善系统阻尼特性的方法包括：在加入润滑后的刮研面与刮研面间安装摩擦板，或者在大幅度振动处安装一种辅助的振动吸收器。

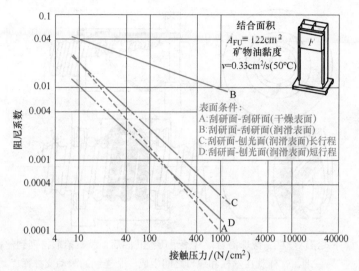

图 5-8　表面粗糙度和接触压力对阻尼系数的影响

5.2　滑动与滚动导轨

导轨是承载工件台或主轴的床身部件。可分为两种：滑动导轨和滚动导轨。每一种导轨都是由滑块置于轨道上，轨道铸入或螺栓连接到床身上。

滑动导轨是最古老且最简单的导轨，滑块拖动工作台或主轴实现运动。由于是大面积接触，所以其具有很高的刚度，阻尼特性好，对切削力和冲击载荷具有很强的抗振性。滑动导轨的缺点就是导轨的动静摩擦系数不同引起的爬行现象，由此引起了定位和进给运动误差。导轨经常采用液体动压、液体静压、空气动压、空气静压润滑的方式来减少爬行现象。滑块和导轨的接触面必须研磨，以确保是一个平面。机床厂常用的滑动导轨包括方形、T 形、V形导轨。在给定条件下，根据载荷的方向与大小来选择最优的导轨结构形式。例如，V 形导轨的导向精度非常高，但其不能承受大的侧向载荷。

滚动导轨也是由导轨和滑块组成，但两者之间有滚动体。滚动体滑块能够消除爬行现象。滚动导轨重量轻、摩擦力小，因此能够快速低能耗地完成定位。然而，因接触面积有限而稳定性较差。每个典型的机床轴都会有两条导轨固定在床身上，至少有四个滑块拖动主轴或工作台运动。

机床部件的滑动是通过采用液压系统、齿轮齿条或丝杠驱动的。液压活塞驱动是最低廉、功率最大、最难维护、精度最低的方式，由于热量集聚，通常会显著降低这些系统的精度。电动机驱动的齿轮齿条结构执行器易于维护，多应用于大范行运动的场合，但其精度难以保证，且运行功率大。电动机驱动的丝杠方式是最常用的驱动方法，丝杠可以采用普通丝杠或滚珠丝杠，前者成本低，后者精度高。滚珠丝杠如图 5-9 所示。由于数控机床的刀路轨迹通常是分段连续，且循环型的滚珠丝杠反向间隙非常小，因此循环型滚珠丝杠非常适用于数控机床。滚珠丝杠的缺点是滚珠与滚道之间的接触面积有限而造成刚度低。

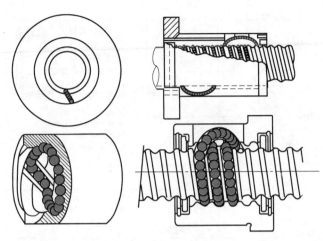

图 5-9　循环式滚珠丝杠，滚珠沿着丝杠滚道历经几圈后，就被拾取排列到丝杠螺母的
另一端，这样就在丝杠和螺母之间生成一个连续的滚动支撑面

5.3　电动机

　　电动机是绝大多数机床的首选驱动部件。电动机的形式多种多样，其能够满足通用机床的三种需求：主轴动力、工作台驱动及辅助动力。多数电动机采用 220V 或 380V 供电的三相交流电源。

　　机床和电动机设计多年来的主要问题就是如何获得不同转速下的高转矩。最初，机械传动是采用齿轮、带，以及齿轮和带的组合形式提供变速。通常，一种传动机构有多达 36 种的变速范围。然而所有这些额外的部件成本高且需要维护。最近几年，主轴的工作速度已显著提高。如，10 年前主轴的常规速度大约是 1600r/min。现在，主轴的转速达到 15000r/min，甚至更高。高转速会引起振动，也就不能采用复杂的机械传动。由于电动机设计和控制技术的显著提高，现在能够实现对速度和转矩的快速调整。对大多数高速低转矩机床来说，多于三级调速的机械传动系统已没有必要了。

　　主轴电动机通常采用马力来定级，范围在 5~150HP（3.7~112kW）之间，平均功率大约 50HP（37kW）。定位用的电动机或进给驱动电动机通常采用转矩来定级，范围在 0.5~85lb·ft（0.2~115N·m）之间。主轴电动机的设计选型是根据切削力和功率来计算的，这与材料特性及切削参数有关，在第 2 章中已论述。然而，进给电动机的设计选型必须同时考虑切削力和机械驱动系统的摩擦力产生的静载荷和动载荷。

　　当切削工作台以恒定速度运动时，没有加速度也就没有惯性力存在，进给驱动就是静态负载。对于进给驱动电动机来说，静态负载基本上来自导轨和轴承的摩擦阻力，外加一部分可能的作用在工作台进给方向上的切削力（如铣床）。此外，工作台、工件和丝杠传动系统在短时间内加速时，进给伺服电动机必须提供足够的转矩使得工作台以动态加速的状态达到指定的速度。这些静态力矩和动态力矩的需求计算分析将在下面讨论。

　　机床进给驱动的静态负载有三个来源：导轨的摩擦力、进给传动轴承（推力轴承和丝杠螺母）的摩擦力，以及施加在丝杠螺杆上的切削力，其位置如图 5-10 所示。

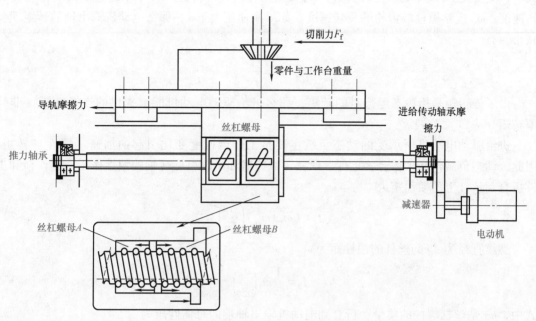

图 5-10 滚珠丝杠进给传动系统

导轨摩擦力取决于滑块与导轨之间的接触特性。克服这个摩擦力的转矩为 T_1

$$T_1 = \frac{l}{2\pi}\mu_g(w_t + w_w + F_z) \tag{5-6}$$

式中，l 是进给丝杠的螺距；μ_g 是导轨的摩擦系数，其典型范围从 0.05（滚珠支撑）~0.1（润滑滑动滑块）；w_t 和 w_w 分别是切削工作台和工件的重量；F_z 是垂直于切削工作台的切削力。

轴向推力轴承安装在丝杠两端，用于抵抗进给力。它们都是预拉紧方式的，以抵消往复运动的背隙。因此，克服推力轴承摩擦力所需的转矩为

$$T_2 = \mu_b \frac{d_b}{2}(F_f + F_p) \tag{5-7}$$

式中，μ_b 是推力轴承的摩擦系数（0.002~0.005），包括螺杆端部推力轴承和螺杆上的丝杠螺母的摩擦力；d_b 是轴承的平均直径；F_f 是进给力，其由切削力学计算得到；F_p 是预紧力。

克服施加在丝杠螺杆上的切削力所需的转矩为

$$T_3 = \frac{l}{2\pi}F_f \tag{5-8}$$

因此，所需的总的静转矩是各个转矩分量之和

$$T_s = T_1 + T_2 + T_3 \tag{5-9}$$

如果所需的转矩过大，可以安装一个减速器，这样就会牺牲滑块移动速度。安装在电动机输出轴和丝杠之间的减速器，通常是由减速比 r 来表征的

$$r = \frac{N_s}{N_m} = \frac{\omega_m}{\omega_s} \tag{5-10}$$

式中，N_s 是进给螺杆端齿轮的齿数；N_m 是电动机端齿轮的齿数；ω_m 是电动机端齿轮的旋转速度；ω_s 进给螺杆端齿轮的旋转速度。如果减速比大于1，那么电动机输出轴的转矩就会减小，有

$$T'_s = \frac{T_s}{r} \tag{5-11}$$

由于静转矩是指稳态运行时的转矩，那么进给驱动电动机能够提供的连续转矩（非峰值转矩）应该大于 T'_s。

进给驱动电动机所承受的动态负载主要是工作台速度变化引起的加速（惯性）转矩。因此，动态负载包括工作台、工件、丝杠、减速器和电动机旋转轴的惯性作用。工作台和工件折合到丝杠上的惯性矩为

$$J_1 = (m_t + m_w)\left(\frac{l}{2\pi}\right)^2 \tag{5-12}$$

螺纹直径为 d_p 的丝杠的惯性矩为

$$J_2 = \frac{1}{2}m_1\left(\frac{d_p}{2}\right)^2 \tag{5-13}$$

式中，m_1 是丝杠螺杆的质量。折合到电动机输出轴端的总惯性矩为

$$J = \frac{J_1 + J_2}{r^2} + J_3 \tag{5-14}$$

式中，J_3 是电动机旋转轴自身的惯性矩；r 是丝杠端齿轮与电动机端齿轮之间的减速比。

另一种需要考虑的摩擦力矩是黏性摩擦力矩，其与速度成正比，在填充润滑剂的减速箱中更是如此。惯量 J 加速及克服黏性摩擦力和静态载荷所需的总的动转矩为

$$T = J\frac{d\omega}{dt} + B\omega + T'_s \tag{5-15}$$

式中，ω 是电动机的角速度；B 是黏性阻尼系数。电动机输出的峰值转矩必须比上述计算的转矩要大，尽管齿轮减速可以降低所需的转矩，但牺牲了进给速度。

[例5-2]

在立式加工中心的纵向进给伺服电动机的容量（所需力矩）选择时，需要考虑以下的变量：工件的最大质量是 200kg，工作台的质量是 180kg，丝杠的质量是 8.15kg，丝杠螺距是 0.00508m，丝杠的直径是 0.0445m，电动机输出轴的惯量是 2.373×10^{-3}kg·m^2，无齿轮减速，导轨的摩擦系数是 0.1，轴承的摩擦系数是 0.005，最大的垂直切削力是 2000N，最大的进给切削力是 8000N，推力轴承的预紧力是 5000N，空行程速度是 0.17m/s，伺服加速时间是 0.1s，黏性阻尼系数是 0.015N·m/(rad/s)，满足动静负荷条件下的安全系数是 2。

解

$$T_1 = \frac{l}{2\pi}\mu_g(w_t + w_w + F_z) = \frac{0.00508}{2\pi}\times0.1\times[(180+200)\times9.8+2000]\text{N·m} = 0.463\text{N·m}$$

$$T_2 = \mu_b\frac{d_b}{2}(F_f + F_p) = 0.005\times\frac{0.0445}{2}\times(5000+8000)\text{N·m} = 1.446\text{N·m}$$

需要注意的是，这里用轴承的直径作为丝杠直径，如果推力轴承的直径较大，那么这种简化就不太准确。

$$T_3 = \frac{l}{2\pi}F_f = \frac{0.00508}{2\pi} \times 8000 \text{N} \cdot \text{m} = 6.468 \text{N} \cdot \text{m}$$

所需的总的连续转矩是 $T_s = T_1 + T_2 + T_3 = (0.463 + 1.446 + 6.468) \times 2 = 16.78 \text{N} \cdot \text{m}$。

$$J_1 = (m_t + m_w)\left(\frac{l}{2\pi}\right)^2 = (180 + 200) \times \left(\frac{0.00508}{2\pi}\right)^2 \text{kg} \cdot \text{m}^2 = 2.484 \times 10^{-4} \text{kg} \cdot \text{m}^2$$

$$J_2 = \frac{1}{2}m_1\left(\frac{d_p}{2}\right)^2 = \frac{1}{2} \times 8.15 \times \left(\frac{0.0445}{2}\right)^2 \text{kg} \cdot \text{m}^2 = 20.174 \times 10^{-4} \text{kg} \cdot \text{m}^2$$

$$J = \frac{J_1 + J_2}{r^2} + J_3 = 2.484 \times 10^{-4} + 20.174 \times 10^{-4} + 2.373 \times 10^{-3} \text{kg} \cdot \text{m}^2 = 4.64 \times 10^{-3} \text{kg} \cdot \text{m}^2$$

工作台的直线加速度可以通过计算快速进给速度除以期望的伺服加速时间来得到

$$a = \frac{0.17}{0.1} \text{m/s}^2 = 1.7 \text{m/s}^2$$

电动机输出轴的角加速度是

$$\frac{d\omega}{dt} = \frac{a}{(l/2\pi)} = \frac{1.7}{0.00508/2\pi} \text{rad/s}^2 = 2103 \text{rad/s}^2$$

在考虑最大角速度的情况下，所需的总转矩是

$$T = J\frac{d\omega}{dt} + B\omega + (T_1 + T_2 + T_3) = J\frac{d\omega}{dt} + B\left(\frac{0.17}{l/2\pi}\right) + (T_1 + T_2 + T_3)$$

$$= [4.64 \times 10^{-3} \times 2103 + 0.015 \times 0.17 \times (2\pi/0.00508) +$$

$$(0.463 + 1.446 + 6.468)] \times 2 \text{N} \cdot \text{m}$$

$$= 42.58 \text{N} \cdot \text{m}$$

所以，进给驱动电动机必须能够在至少 0.1s 时间内输出 42.58 N·m 的转矩。需要注意的是，所需的动态转矩大约是所需的静态转矩的 250%，这取决于系统的惯性和所要求的加速度。一般来说，只有在空行程阶段，使用最大加速度来达到最大速度，即

$$T_1 = \frac{l}{2\pi}\mu_g(w_t + w_w) = \frac{0.00508}{2\pi} \times 0.1 \times [(180 + 200) \times 9.8] \text{N} \cdot \text{m} = 0.301 \text{N} \cdot \text{m}$$

$$T_2 = \mu_b \frac{d_b}{2}F_p = 0.005 \times \frac{0.0445}{2} \times 5000 \text{N} \cdot \text{m} = 0.556 \text{N} \cdot \text{m}$$

$$T_3 = 0$$

$$T = J\frac{d\omega}{dt} + B\omega + (T_1 + T_2) = J\frac{d\omega}{dt} + B\left(\frac{0.17}{l/2\pi}\right) + (T_1 + T_2)$$

$$= [4.64 \times 10^{-3} \times 2103 + 0.015 \times 0.17 \times (2\pi/0.00508) +$$

$$(0.301 + 0.556)] \times 2 \text{N} \cdot \text{m}$$

$$= 27.54 \text{N} \cdot \text{m}$$

其为所需静态转矩的 164%。

5.4 主轴

主轴负责为切削刀具提供转矩。其功能包括：①导引刀具或工件在切削点处有足够的运动精度；②以最小的静态、动态及热变形吸收来自其外部的作用力，如工件的重力和切削力。总之，主轴精度是整个机床正常运行的必要条件。影响主轴精度的主要因素包括：轴承的类型、安装形式、润滑，以及冷却。

液体动压轴承是设计复杂度最低的主轴轴承设计，它是一种径向轴承。轴的旋转作用牵引润滑油到两金属表面之间。这种方法在足够高的速度下能够获得较低的摩擦力。但是，在起动或低速运转的时候，由于没有动态驱动力，两金属表面不能完全分离。在这种情况下需使用液体静压轴承，通过外部高压将润滑液挤入到承载区，形成一个相对较厚的液膜将两金属表面分开。因此，与液体动压润滑不同，静压润滑不需要两个金属表面之间的相对运动。但是液体静压轴承的缺点是需要一个辅助的外部液压系统，这个系统体积庞大，需要维护且成本高。

有时候，可采用空气作为一种润滑剂，如空气静压或空气动压轴承。因为是非接触支撑，它们可以很好地应用在精密、轻载场合。另一种非接触轴承是磁力轴承，旋转轴置于磁铁的中心，需要严密地保持磁场平衡。这些轴承实际上是无摩擦的，因此也就没有轴磨损。主要的缺点就是前期成本高、体积大及潜在的维护难度高。

采用滚动轴承支撑机床主轴也是很常见的。常用的轴承有圆锥滚子轴承和球轴承。前者具有较高的刚度（高于 $1000N/\mu m$），适用于高轴向负载，但摩擦力较后者大。超高速主轴通常采用混合陶瓷轴承，其将钢制滚道与陶瓷球相结合，比纯钢结构轻 60%，因此运转速度更快。高速应用中需要考虑的一个方面是热损伤和热累积，而陶瓷球的热留存率和热膨胀率都比较低，所以能很好地克服这些困难。

典型的主轴支撑结构如图 5-11 所示。图中，支撑刚度从上到下依次减小，而额定转速依次增大。支撑刚度会影响加工零件的径向和轴向的形状精度。由于主轴的轴向刚度比径向刚度大很多，特别是采用预加载的圆锥滚子轴承更是如此，因此，只需要注意其径向刚度即可。

由径向刚度可知，主轴系统在刀具和工件接触点处的总挠度可以认为是弹簧支撑下悬臂端载荷作用的结果，一个弹簧支撑在主轴近轴端，另一个弹簧支撑在驱动端。根据弹性叠加原理，由主轴弯曲变形和轴承变形

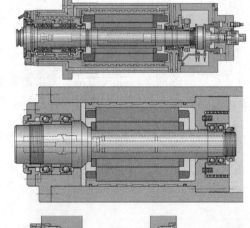
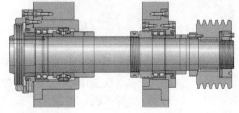

图 5-11 常用的主轴支撑设计（图片来源：SKF）

引起的刀具接触点处的挠度计算，如图 5-12 所示。前者引起的挠度是

$$y_{\text{s}} = \frac{F}{k_{\text{s}}}, \quad \text{其中 } k_{\text{s}} = \frac{3EI}{a^2(l+a)} \tag{5-16}$$

后者引起的挠度是

$$y_{\text{b}} = \frac{F}{k_{\text{b}}}, \quad \text{其中 } k_{\text{b}} = \frac{l^2}{\dfrac{(a+l)^2}{K_{\text{A}}} + \dfrac{a^2}{K_{\text{B}}}} \tag{5-17}$$

注意：在主轴全长上，E 是恒定不变的。

总的弯曲变形是

$$y = y_{\text{s}} + y_{\text{b}} = \frac{F}{k}, \quad \text{其中 } k = \frac{k_{\text{s}} k_{\text{b}}}{k_{\text{s}} + k_{\text{b}}} \tag{5-18}$$

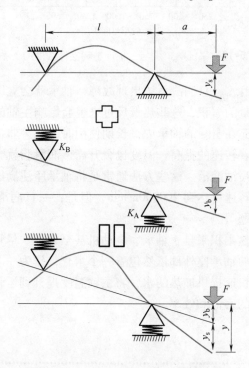

图 5-12　主轴在切削力作用下的挠度

图 5-13 显示了主轴近轴端支撑刚度 K_{A} 对某一特定主轴的总的柔性变形的影响。这种情况下，当支撑刚度 K_{A} 大于 750N/μm 时，总的柔性变形基本不变。

相对于液体动压轴承来讲，滚动轴承主要的优点就是起动摩擦力小（通常摩擦系数值在 0.001~0.002 之间）。球轴承和滚柱轴承可以通过对内外环相向挤压来预紧，使其无间隙运转。这样就可以使主轴具有更高的精度。另一方面，液体动压轴承非常适合具有冲击和超大惯量的高速运动场合。转速越高，液体动压的举升作用就越明显。而且，液膜对横向冲击具有有效的缓冲作用，冲击持续时间越短，液膜越不容易被挤出。滚动轴承在高速运转时，也存在着以下缺陷，疲劳周期急剧累积，且滚动体具有很大的离心力。滚动体轴承的径向尺寸、噪声也较大。

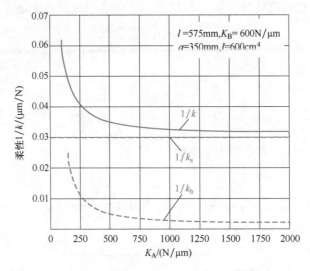

图 5-13 系统的柔度与主轴近轴端支撑刚度的关系

　　润滑剂的供给非常重要，一旦润滑系统出现故障，轴承就会立即被卡死。此外，润滑剂也能控制主轴支撑装置热量的累积，这些热量反过来也会影响主轴的精度。在低速场合广泛使用脂润滑，将润滑脂填充在密封的轴承内，长期使用时，维护非常简单，甚至可实现免维护。但在高速工况下，随着转速的提高，温度也会升高，润滑脂就会融化。因此，高速轴承润滑常用方法包括油雾和喷油润滑。这些方法通常是将轴承座注满压力油，润滑同时也起到冷却的作用。目前主轴的转速可达到 200000r/min，但是，一旦润滑油路泄漏并通过机床流入车间，将会引发环境问题。

　　高速工况下，主轴的热累积来自于轴承、电动机甚至刀具。尽管润滑液能够带走一部分热量，但通常大功率主轴的轴承座外部依然包着一个水套，作为一个独立的冷却系统。水套可以实现温度控制，能够快速提供加热的水，将主轴温度提升到运转所需的最佳温度，而且冷却水也可以提高电动机的寿命和效率。

5.5 刀具

　　切削刀具的材料是影响加工效果的最重要的因素之一。切削过程中，刀具通常要承受高温、高压、摩擦、冲击和振动。因此，选择刀具材料时，必须考虑两个重要的问题——硬度和韧性。硬度是承受塑性变形和磨损的机械性能，在高温状况下尤其重要。韧性是描述抗冲击和振动的能力，这种状况在断续切削中更为常见，如铣削。然而，硬度和韧性不可能同时满足要求，因此，刀具的选择通常采用折衷的办法。

　　切削刀具的材料已经经过了几代的发展历程。工具钢曾是最常用的刀具材料，其由含碳量 0.9%~1.3% 的碳钢与合金元素（如钼和铬）混合而成。温度超过 205℃ 时，工具钢会因为回火作用而损失其硬度。自 20 世纪早期后，工具钢大量地被高速钢（HSS）所代替。典型高速钢含 18% 钨或含 8% 钼，还有其他元素钴和铬。温度达到 593℃ 时，其硬度还能保持不变。同等寿命情况下，其许用切削速度可以提高一倍，因此被称为"高速"

钢。在当前的技术条件下，高速加工是指切削温度超过 1000℃、切削速度超过 100m/s，或者主轴转速超过 50000r/min 的工艺过程，这个定义还取决于所加工的工件材料，如图 5-14 所示。显然，高速钢刀具已不能满足上述的任何工况。工具钢和高速钢的韧性好，且抗断裂，因此，它们的使用场合是有断续加工的工艺过程，以及那些易于产生振动和颤振的低刚度机床。

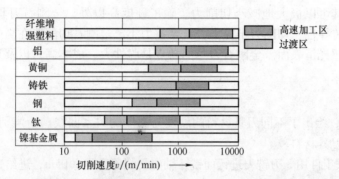

图 5-14　基于切削速度和工件材料的高速加工定义（数据来源：SCHULZ, et al. High-speed machining［J］. CIRP Annals, 1992, 41（2）：637-645）

铸造钴合金刀，俗称钨铬钴合金刀，富含钴元素，是碳化钨铸造合金。尽管室温下，高速钢的硬度可与其相媲美，但铸造钴合金刀在高温下仍然可以保持其硬度，且切削速度比高速钢刀具要高 25%。但只能应用于简单形状的刀具中，如单点切削刀具、锯片，由于原材料（钴、钨和铬）的稀缺而造成的高成本使其逐渐被淘汰。

二战期间，硬质合金因其许用切削速度比高速钢高 4~5 倍而广受欢迎。大多数的硬质合金刀具是碳化钨基的，也有一部分刀具材料采用碳化钛基，主要应用于汽车工业。它们都是复合材料，由碳化钨或碳化钛颗粒黏结在钴基上，因此，它们也被称为烧结硬质合金。这些硬质合金刀具比其他刀具硬度更高，且化学性能稳定，但也更脆，韧性更差。它们非常适用于高刚性机床上的连续粗加工，但应避免切削深度过浅、断续切削，以及可能产生崩刃的机床上。在切削速度较低时，切屑易于熔焊在刀面上，而引起切削刃的微崩刃。硬质合金刀具价格昂贵，但可以用刀片的方式来降低成本。如果某边的切削刃变钝了，刀片可以旋转或使用反面新的切削刃。

TiC、TiN 或 Al_2O_3 可以通过化学或物理气相沉积的方法涂覆到高速钢或硬质合金基体上，生成 5~10μm 厚的涂层。这一涂层具有耐摩擦磨损、耐高温及不易产生化学反应的性能。这些涂层刀具在 20 世纪 70 年代推出，而且从那时起就得到了广泛的认可。涂层刀具的耐磨性是最好的非涂层刀具的 2~3 倍，因此，相同刀具寿命情况下，其许用切削速度可以增大 50%~100%。目前美国使用的硬质合金刀具中，涂层刀具超过 50%。

陶瓷刀具主要是由纯氧化铝（Al_2O_3）制成的，也有使用黑色陶瓷（金属陶瓷，70% Al_2O_3 和 30% TiC）制成的。这种刀具的许用切削速度是碳化钨的 2~3 倍，几乎完全无磨损，通常也不需要冷却液，在高速工况下的寿命等同于碳化钨在低速工况下的寿命。但是，陶瓷缺乏韧性，因此为了发挥其特性，需要高刚性的刀架和机床。断续切削和间歇式冷却都会因其较差的抗机械和热冲击性能而造成刀具过早失效。

立方氮化硼（CBN）是目前硬度仅次于金刚石的材料，是由通用电气公司采用粉末烧结的方法开发出来的合成材料。其成本比硬质合金和陶瓷刀具都稍微高些，但是，其许用切削速度是硬质合金刀具的 5 倍。此外，在高达 1100℃ 时，仍然具有很高的硬度。适合加工硬质航空材料，如 Inconel 718，Rene 95、GTD-110 及冷硬铸铁等。

精密大镜面加工通常使用单晶金刚石刀具，其切削刃半径为 100Å 甚至更小。目前，工业金刚石可以通过多晶复合片的形式获得，常见于工业应用中的铝、青铜及塑料加工，相比硬质合金刀具，其可以极大地减小切削力。除了硬度高以外，金刚石刀具还具有独特的特点，即良好的热传导性、切削刃半径小，且摩擦力小。金刚石切削能在高速微进给工况下完成精加工，获得超光滑表面。金刚石刀具的缺点是脆性大、成本高，以及易与碳钢、钛、镍等材料起化学反应。

[例 5-3]

图 5-15 中，绘出了不同刀具材料的硬度与温度的关系曲线。请辨别出曲线 1、2、3、4、5 所代表的刀具材料。

若对一铸铁工件用 3 刃铣刀进行面铣，轴向切削深度是 0.05in，进给速度是 0.01in/齿，表面铣削速度 500ft/min，这个工况可以使用陶瓷刀具吗？可以使用高速钢刀具吗？为什么？

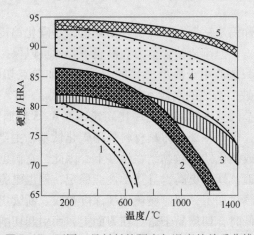

图 5-15　不同刀具材料的硬度与温度的关系曲线

解

1-碳钢，2-高速钢，3-铸造钴合金，4-硬质合金，5-陶瓷。

对于面铣，不能采用陶瓷刀具，因为其在断续切削时，韧性差。也不能采用高速钢刀具，因为这种工况的温度可能超过 600℃。

[例 5-4]

在面铣加工中，工件材料是碳钢，刀具转速 40000r/min，直径 5in，6 个刀刃，径向切削深度 2in，轴向切削深度 0.05in，请问应该选择什么刀具材料？为什么？

解

硬质合金刀片刀具。高速钢刀具在高速时太软，而陶瓷刀在断续切削时太脆。

5.6 控制系统

机床控制器的发展经历了从限位开关阶段到电磁继电器阶段、数字控制阶段、可编程逻辑控制（PLC）阶段，一直到计算机数控（CNC）阶段。随着计算机越来越小型化，而且功能越来越强大，它们通常作为一个专用的联机控制单元而安装在机床上。但是，当涉及两台或更多机床的大规模加工时，其操作就会追溯到一台独立的主控计算机上，其功能强大到能够控制几台机床或整个车间。这样的系统通常被称为分布式数控（DNC）系统。

在 CNC 系统中，工程图纸通过编程的方式被转换成机床操作指令（NC 代码）。程序员将加工任务分割成一系列的数据块。每个数据块包含一些特定的指令，并用一种字母代码来详细说明。这种编码体制已经变成了一种工业标准，并且是今天所使用的所有指令的基础。如，代码 S 指主轴转速，代码 T 指要使用的刀具，代码 G 是准备功能指令。另外，还可以通过数字化输入设备来生成运行指令，使用扫描器、激光器或鼠标来描绘出一个要被复制的零件的表面或工程图纸所表达的成形零件的形状。数字化的信息可以在尺寸上进行转换、扩展和压缩，或者与另外一个工件融合。此外，计算机辅助设计软件可以创建或修改零件的几何模型。这些信息输入到计算机辅助制造（CAM）软件中，可考察许用刀具尺寸、进行干涉检验，并剔除不必要的细节来生成刀具路径。许多 CAM 软件采用专家系统。如，操作员只知道工件材料和使用的刀具，但不清楚最优速度，那么软件可以根据其他的工况条件给出一个加工速度。

早期的机床只能作一些简单的单轴运动，即同一时刻只驱动一个电动机运动，这种机床主要适用于钻孔或冲孔作业。而先进的机床有伺服控制能力，且能完成多轴联动。现在的机床运动轴数可以多达 16 轴，3~5 轴联动是很常见的。这种联动可以采用小直线段组合插补形成连续曲线，这种小线段只有 $0.1\mu m$ 长，所以可以表达任意形状。

计算机控制是依靠反馈来获得高性能的，如图 5-16 所示。机床上通常安装旋转变压器、编码器和光栅尺来测量工件或刀具的位置和速度。这些传感器的分辨率通常比机床的驱动器的响应要高一个数量级。如，编码器每转产生一百万个脉冲，通常输出分辨率为 $0.1\mu m$，这对于位置伺服驱动来说足够用了。传感器同时还能检测刀具存在与否及其磨损和破损情况。还有一些其他的传感器可以检测机床的一些重要特征，如冷却液流量、温度及其他辅助设备（风扇、泵）是否运行正常。

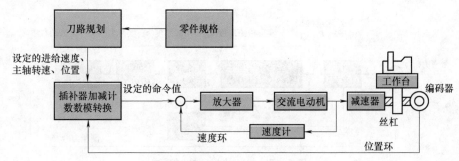

图 5-16 铣床的位置和速度反馈环

　　机床控制正在向两个新的领域发展：通信和自适应控制。这种扩展的通讯方式收集机床控制的数据，可以用来调整生产运行中的各个方面。如，将生产时间和已加工零件的数量等数据保存到一个数据库中，就可以用来进行库存控制和质量监测，这些数据也可以用于生产调度、零件检查、误差检测等。自适应控制能够使机床修正工艺参数以达到更高的生产率。如，刀具的报废通常是基于平均使用时间的，而非其实际的使用性能。具有自适应控制的机床能够判断出什么时候刀具钝了，需要换刀了。传统的 CNC 程序编写是比较保守的，以避免可能产生的颤振，而具有自适应控制的机床能够自动探测到颤振的产生，并且改变工艺参数以消除颤振。

　　在机床领域使用的术语"自适应控制"，通常与控制领域中的含义有一些区别，它并不包含在工艺过程中修改控制参数。自适应控制系统中，控制目标不仅局限于传统 CNC 系统所做的进给速率和刀路的调整，通常还将功率、力、温度、振动及噪声作为最终的控制目标，因为这些因素也与加工工艺的正常运行有关。下面讨论两个自适应控制的例子，它们涉及车削加工的力控制和外圆磨削加工的功率控制。

　　在调整过程中，力往往是通过反馈控制来保持不变的。力控制能够实现恒定的材料去除率和稳定的切削载荷，此时，刀具、主轴、机床作为一个整体，在寻求最大生产率时，可以防止过载。图 5-17 所示的车削系统框图，将进给率作为一个可调整变量来做计算机反馈控制。需要注意的是，必须很好地理解了工艺过程的动力学特性，才能进行有效的控制。加工过程的动力学特性是由输入（u_c）和输出（f_m）之间的关系来定义的。

$$\frac{F_m(z)}{U_c(z)} = \left(\frac{U_a(z)}{U_c(z)}\right)\left(\frac{H(z)}{U_a(z)}\right)\left(\frac{F(z)}{H(z)}\right)\left(\frac{F_m(z)}{F(z)}\right) \tag{5-19}$$

式中，$F_m(z)$、$U_c(z)$、$U_a(z)$、$H(z)$ 和 $F(z)$ 分别是图 5-17 中给出的 $f_m(t)$、$u_c(t)$、$u_a(t)$、$h(t)$ 和 $f(t)$ 的 Z 变换。需要注意的是，因为计算机是在离散时域上运行的，所以计算机控制的分析与设计通常都是采用 Z 变换。上述四项都是独立的，需要分别计算。u_c 和 u_a 之间的关系取决于机床进给驱动系统的等效质量、刚度及阻尼系数。这个关系通常由实验通过观测设定的进给速度与同步的实际测量进给速度来获得。如，Zhang and Tomizuka［1988］的论文中所提及，使用 Tree UP-1000 车床做车削控制，进给驱动的动力学特性就很好地符合二阶传递函数

$$\frac{U_a(z)}{U_c(z)} = \frac{0.2055z + 0.4529}{z^2 + 0.215z + 0.2466} \tag{5-20}$$

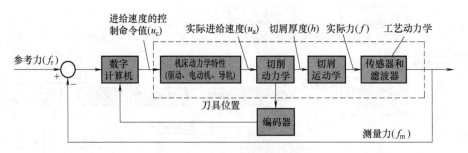

图 5-17　机床的闭环控制系统

实际的进给速度与切屑厚度之间的关系可以通过运动学来简单表达。如果进给速度恒定，切屑厚度的演化如图 5-18 所示。

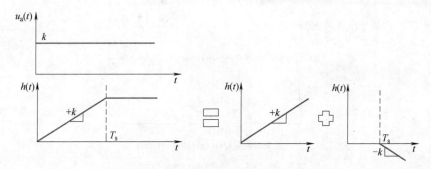

图 5-18 切屑厚度的演变

因此，$u_a(t) = \begin{cases} 0, & t < 0 \\ k, & t \geqslant 0 \end{cases}$，且 $h(t) = kT - kt(t - T_s)$。根据 Z 变换基本原理得 $U_a(z) = \dfrac{kz}{z-1}$ 及

$H(z) = kT \dfrac{z}{(z-1)^2}(1 - z^{-T_s/T})$，式中，$T$ 是控制器的采样周期。

$$\frac{H(z)}{U_a(z)} = \frac{T}{z-1}\left(1 - z^{-\frac{T_s}{T}}\right) \tag{5-21}$$

由第 2 章的讨论可知，力与切屑厚度之间的关系可以理解为 $f = p_s b h$，式中，p_s 是比切削能；b 是径向切削深度。因此，$F(z)/H(z) = p_s b$。

切削力的测量通常是采用压电晶体动态测力仪来完成的，其频响高达上千赫兹。因此，测力仪的动力学特性可以忽略不计。对于一段 10ms 的采样时间，滤波器（动力学特性是 $1/(0.017s+1)$）的脉冲传递函数是

$$\frac{F_m(z)}{F(z)} = \frac{0.454}{z - 0.5464} \tag{5-22}$$

综上所述，加工过程的动力学特性是

$$\frac{F_m(z)}{U_c(z)} = 0.454 b p_s T \frac{\left(1 - z^{-\frac{T_s}{T}}\right)(0.2055z + 0.1783)}{(z-1)(z^2 + 0.215z + 0.2466)(z - 0.5464)} \tag{5-23}$$

加工过程的动力学模型有助于反馈控制器的设计。图 5-19 给出了标准比例积分（PI）控制器的动力学特性。

$$G_c(z) = k_p + k_i \frac{z}{z-1} \tag{5-24}$$

式中，$k_p = 1$；$k_i = 0.67$。闭环系统的阶跃响应如图 5-20 所示。

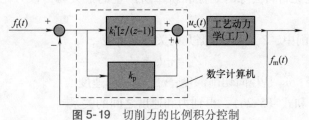

图 5-19 切削力的比例积分控制

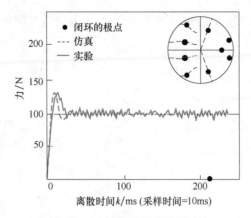

图 5-20 PI 控制的闭环阶跃响应

外圆磨削加工中，从提高加工精度和生产率的角度来看，进行功率或力反馈控制，其效果很明显。图 5-21 给出了进给前馈位置控制下，外圆磨削砂轮进给运动的延时和定位误差。采用功率或力反馈控制，位置的命令值能够调整以适应磨削工艺和机床的动力学特性，因此，最终的目标位置能够快速而准确地达到。图 4-2 给出了由于材料去除及砂轮磨损的临界值引起的磨削比 G 随磨削力的变化关系。这种变化也就意味着同时实施反馈控制使磨削力维持在砂轮破损点附近，磨削加工可以获得最佳的生产率。

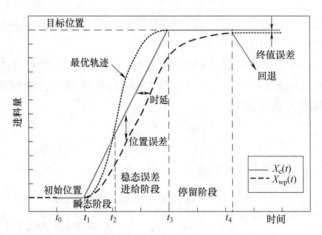

图 5-21 外圆磨削砂轮的进给运动及其时延和定位误差

磨削加工中的基本力方程是由 Hahn 提出的，其通过参数 Λ_w，给出了切入抗力 f_N 和材料去除率 Z_w 之间的关系，而 Λ_w 取决于材料与工况条件。

$$Z_w = \Lambda_w(f_N - f_{Th}) \approx \Lambda_w f_N \tag{5-25}$$

临界磨削力 f_{Th} 是无材料去除时划擦和耕犁所产生的最大力，该力比正常的磨削力小很多，可以忽略不计。

在切入式外圆磨削中，Z_w 可以根据几何关系来计算

$$Z_w = \pi d_w a_p v'_{trav} \tag{5-26}$$

式中，d_w 是工件直径；a_p 是径向切削深度；v'_{trav} 是横向速度。

结合式（5-25）和式（5-26），得到力和速度之间的关系

$$f_N = \frac{Z_w}{\Lambda_w} = \frac{\pi d_w a_p}{\Lambda_w} v'_{trav} = K_{FV} v'_{trav} \qquad (5-27)$$

如果在切削路径上的切削深度是恒定的，且工件直径是恒定的（当工件直径比切削深度足够大时），参数 K_{FV} 可以认为是恒定不变的。v'_{trav} 表示砂轮与工件接触点处的速度，通常这个速度不是直接测得的，因此需要建立一个模型来表示该点速度与编码器测得的速度之间的关系。

当磨削力存在时，机床、砂轮及工件相互作用会产生一个挠度 δ，因此在砂轮实际位置 (x_p) 与编码器测得位置 (x_e) 之间就会引入一个偏差。这个挠度可以由施加力与挠度的一阶响应表达如下

$$f_N = K\delta + B\frac{\partial \delta}{\partial t} = K(x_e - x_p) + B\frac{\partial (x_e - x_p)}{\partial t} \qquad (5-28)$$

式中，K 和 B 分别表示弹性和阻尼系数。

力与测量速度之间的传递函数可由式（5-27）和式（5-28）经拉氏变换得到，且 $V'_{trav} = X_p s$，$V_{trav} = X_e s$，得：

$$F_N(s) = \frac{K_{FV}(K+Bs)}{K+(K_{FV}+B)s} V_{trav}(s) \qquad (5-29)$$

切入抗力 f_N 与切向力 f_T 及摩擦系数 μ 的关系为

$$f_N = \frac{f_T}{\mu} \qquad (5-30)$$

当砂轮转速恒定时，砂轮电动机的功耗 p_w 与切向力的关系为

$$p_w = F_T v_{tw} \qquad (5-31)$$

对式（5-30）和式（5-31）进行拉氏变换，并与式（5-29）结合起来，得到功率与往复进给速度之间的传递函数为

$$P_w = v_{tw} \mu \frac{K_{FV}(K+Bs)}{K+(K_{FV}+B)s} V_{trav}(s) = \frac{a_0 + a_1 s}{b_0 + b_1 s} V_{trav}(s) \qquad (5-32)$$

这是一个一阶传递函数，有一个极点和一个零点，其系数是 a_i 和 b_i，表示了电动机的功耗与外圆磨削的往复进给速度之间的动力学关系。式（5-32）的重要性在于，建立了动态过程模型的结构，其中的参数明显与加工相关，且必须通过实验确认。

图 5-22 所示为一种典型的具有功率反馈控制磨削机床。该控制方案由图 5-23 所示的框图来描述。需要注意的是，有两个控制环：一个外环（即功率控制）和一个内环（即速度控制）。内环需要克服电动机-工作台的动力学特性，这样的话，工作台才能够密切跟随功率环生成的控制指令。

以下为在具有基于微处理器扩展采样与控制功能数控外圆磨床上的应用实例。工作台安装了分辨率为 $0.5\mu m$ 的直线编码器来测量位置并计算工作台的速度。功率由霍尔效应传感器来测量，在 10A 电流作用下其量程是 7.5kW。内环和外环控制器都是标准的比例积分（PI）类型，根据零稳态误差、稳定时间（<3s）及超调量（<15%）来调整以满足动态需求。功率和速度对不同切削深度的响应结果如图 5-24 所示。本例中，期望的功率设定值是 1400W。可以看到，工作台的速度会随着切削深度的变化而自动改变，以保持功率恒定不变。假如采用传统的恒进给系统，而不是采用功率反馈系统，在整个切削刀路上就会采用一个比较保守的速度，即 2mm/s，这样的话，加工时间就会增长 27%。

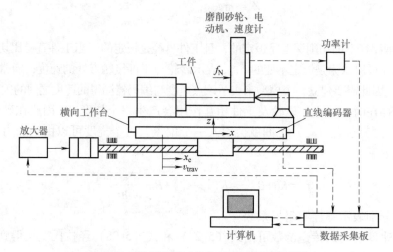

图 5-22 横向磨削工作台及其控制系统部件

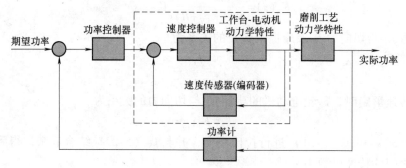

图 5-23 控制系统框图

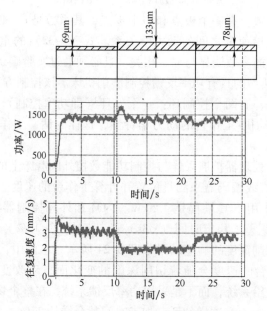

图 5-24 1400W 功率下的往复速度与切削功率

课后习题

5.1　请说出两种本书中没有提到的切削刀具材料。列出它们的化学成分、临界温度及工业应用。同时，列出你的参考文献。

5.2　在两端支撑的主轴中，轴承之间的距离作为一个设计参数，以保证切削点处的挠度最小。如果 $a = 350\text{mm}$，主轴直径为 100mm，$E = 21 \times 10^4 \text{N/mm}^2$，$I = 500\text{cm}^4$，前端（轴环端）支撑刚度为 $1000\text{N/}\mu\text{m}$，后端（驱动端）支撑刚度为 $600\text{N/}\mu\text{m}$，请设计最优距离 l，且 l 限定在 $50 \sim 500\text{mm}$ 之间。

5.3　请绘制矩形、T 形、V 形滑动导轨的结构原理图。并论述每一种结构相对于其他结构的优点和局限性。

5.4　除了旋转变压器、编码器及光栅尺之外，通常用于机床反馈控制的传感器还有哪些？请举出 3 个。说明它们的测量数据、物理原理、工作范围及精度。同时，列出你的参考文献。

5.5　书中，我们讨论过一个例子，如何确定进给伺服电动机的转矩？这个例子是针对非切削条件下，工作台快速移动的情况。那么，在如下切削情况下，进给速度 1.5mm/s，进给力 8000N，垂直力 2000N，请计算所需要的转矩。伺服上升时间保持不变。

5.6　请仿真 PI 控制的车削加工力的响应过程，其中参考力为 175N。采用同样的加工动力学模型，PI 控制器结构采用式（5-22）和式（5-23）给出的结构，其 $bp_s = 0.1$，采样时间是 0.01s。请绘出两条力随时间的响应曲线，与图 5-20 类似（没有右上角的轨迹图），而这两种情况只是比例和积分常量不同：一种情况是稳态力响应，另一种情况是非稳态力响应。请选择这两种状态下的控制器常量，且不必做任何优化。可采用自己熟悉的编程语言对动态仿真过程进行编程仿真，自变量为时间，从初始力为零开始。也可以选择你喜欢的动力学仿真软件（如 Matlab 中的 Simulink）进行计算。

第 **6** 章

机床精度与检测

精度是机床价值的最关键的指标之一。加工中，由机床引起的误差可占零件形状误差的75%。大部分由于制造误差超差而产生不合格的零件，不是由于操作者的失误或材料的缺陷，而是由于机床的变形、磨损或原始精度不够。机床结构的精度、抗腐蚀性、导热性、抗磨损及摩擦特性、强度与刚度，以及第5章讨论的许多因素，共同决定了机床的最终精度。

提高机床的精度，一般来说也就相应地提高了加工质量，但机床成本也将随之上升。因此，确定机床的精度水平，是一个技术和经济性的优化问题。总之，对机床精度的要求很大程度上取决于机床运行时，对其主要技术指标的设定和需求。

本章的目标是，介绍机床精度的基本指标，讨论确定机床精度的通用测量方法（包括计量技术和仪器装备），拓展计算各种配置下机床精度的能力。

6.1 机床可接受精度

机床的精度通常是指可达到的检验标准和允许偏差。这些指标是依据国际或国家标准，或者是专业协会的验收规范而确定的。就国际层面，国际标准化组织（ISO）制定了成员遵循的国际标准；国家层面，以德国为例，有机床标准协会（NWM）、德国工程师协会（VDI）等提出的标准。如，根据俄罗斯标准化组织颁布的标准，机床精度分为五个等级：N（普通精度）、E（较高精度）、H（高精度）、A（特高精度）和C（最高精度）。表6-1列举了一些 N 级精度机床需满足的精度指标。主要精度指标的允许偏差，根据公比为1.6的几何级数，从一个等级向更高等级映射。换句话说，E 级精度机床的允许偏差，比 N 级精度小1.6倍；H 级精度的允许偏差则比 N 级小 1.6^2 倍。机床主参数的平方根也常常成为一个放大系数，即 N 级精度机床的允许偏差数值可估算为 $\delta' = \delta\sqrt{L'/1000}$ 或 $\delta' = \delta\sqrt{D'/32}$（$\delta$ 为 L 或 D 对应的允许值）。

表 6-1　N 级机床的允许偏差（$L=1000\text{mm}$ 或 $D=32\text{mm}$）　　　（单位：μm）

类　别	指　标	主　参　数	允许偏差
刀具或工件在平面内定位	平面度	最大长度 L	36
	直线度	L	22
	圆度	最大直径 D	20

（续）

类　　别	指　　标	主　参　数	允 许 偏 差
工作单元的运动	直线度	L	22
	旋转运动的径向游隙	D	16
	旋转运动的轴向游隙	D	16
刀具或工件相对于导轨	平行度	L	28
	偏心	D	40

如，H 级精度机床的刀具的平行度，在 850mm 长和 45mm 直径范围内的允许偏差是 $\delta' = \left(28 \times \sqrt{\dfrac{850}{1000}} \Big/ 1.6^2 \right) \mu m$。

6.2　机床精度

机床的精度通常用各运动轴的定位误差来定义。而误差是机床部件运动的实际位置与理想位置的几何偏差。这些偏差是由静态或动态误差源引起的。静态误差源包括部件的重量和导向误差等；动态误差源可以归于切削力、运动及加速度等。在定义机床精度时并不区分引起位置偏差的来源，因为决定被加工零件性能的最终定位误差才是最关键的。

本章的讨论将以铣床为例，因其代表了大多数机床的配置。铣床的相关知识通过简化可以很容易地推广到其他机床和加工工艺。误差分析的焦点常常集中于某些点（通常为切削点），在安装于工作台上的工件表面的准确定位。这一准确定位的点，后面将其称为参考点，可以基于两个独立坐标系而完全定义。一个坐标系就是所谓的工件坐标系，给出参考点相对于机床工作台的位置；另一坐标系是机床坐标系，给出工作台相对于机床原点的位置。如果仅考虑进给方向（x）的一维运动，这两个坐标系如图 6-1 所示。（x_{WPi}, y_{WPi}, z_{WPi}）

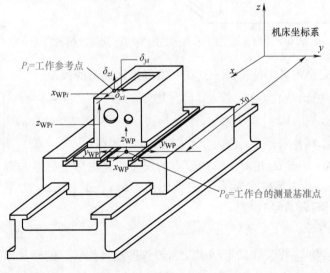

图 6-1　机床坐标系与部件坐标系

是参考点 P_i 的部件坐标，(x, y, z) 是机床坐标系。本例中，$y=z=0$，$x=x_0$，其中 x_0 是名义进给量。

首先考虑与机床工作台相关的误差。由于工作台的潜在的扭曲，机床工作台面（仅沿 x 轴进给）上任一点 P_0 在三个正交轴方向的平移误差如图 6-2 所示。其中，$\Delta x_\mathrm{T}(x_0) = x-x_0$ 为进给方向的定位误差；$\Delta y_\mathrm{T}(x_0)=y(x_0)$ 为垂直于进给方向的直线度误差；$\Delta z_\mathrm{T}(x_0)=z(x_0)$ 也为垂直于进给方向的直线度误差。三者分别定义了纵向进给、横向进给及垂直方向的误差，且名义上相互垂直。也就是说，三个坐标轴严格正交。

为了描述参考点 P_i 相对于点 P_0 的位置，除平移误差外，图 6-2 中所示的转角误差 φ_x、φ_y 和 φ_z 也必须考虑。其中，φ_x 为绕 x 轴的转角误差，称为扭转误差；φ_y 为绕 y 轴的转角误差，称为俯仰误差；φ_z 为绕 z 轴的转角误差，称为偏转误差。显然，这三个转角误差是与相互垂直的三个轴的旋转有关。

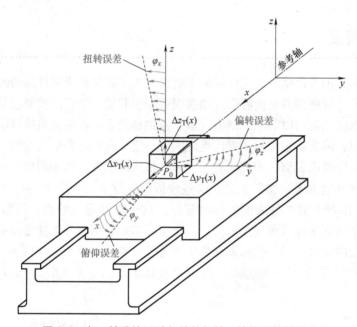

图 6-2 与 x 轴进给运动相关的扭转、俯仰及偏转误差

以上概念可以完全定义工件上任一点在一维进给运动下的误差

$$\begin{pmatrix} \Delta x_i(x_0, \boldsymbol{X}_{\mathrm{WP}i}) \\ \Delta y_i(x_0, \boldsymbol{X}_{\mathrm{WP}i}) \\ \Delta z_i(x_0, \boldsymbol{X}_{\mathrm{WP}i}) \end{pmatrix} = \begin{pmatrix} \Delta x_\mathrm{T}(x_0) \\ \Delta y_\mathrm{T}(x_0) \\ \Delta z_\mathrm{T}(x_0) \end{pmatrix} + \begin{pmatrix} 0 & -\varphi_z(x_0) & \varphi_y(x_0) \\ \varphi_z(x_0) & 0 & -\varphi_x(x_0) \\ -\varphi_y(x_0) & \varphi_x(x_0) & 0 \end{pmatrix} \begin{pmatrix} x_{\mathrm{WP}i} \\ y_{\mathrm{WP}i} \\ z_{\mathrm{WP}i} \end{pmatrix} \quad (6\text{-}1)$$

式中，Δx_i、Δy_i、Δz_i 是点 P_i 相对于机床原点的误差，是机床坐标系与部件坐标系的函数；$\boldsymbol{X}_{\mathrm{WP}i}=(x_{\mathrm{WP}i}, y_{\mathrm{WP}i}, z_{\mathrm{WP}i})$ 为部件坐标系下的坐标值；Δx_T、Δy_T、Δz_T 为平移误差；φ_x、φ_y、φ_z 为扭转、俯仰及偏转的转角误差。

[例 6-1]

与一维进给运动 x_0 相关联的平移误差和转角误差（扭转、俯仰及偏转），如图 6-3 所示。估算部件坐标点（50mm，0mm，10mm）的直线度或位置精度方面的最大误差。

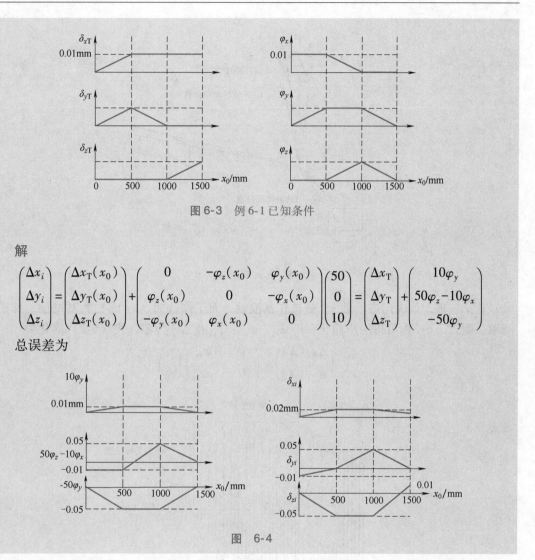

图 6-3　例 6-1 已知条件

解

$$
\begin{pmatrix} \Delta x_i \\ \Delta y_i \\ \Delta z_i \end{pmatrix} = \begin{pmatrix} \Delta x_{\mathrm{T}}(x_0) \\ \Delta y_{\mathrm{T}}(x_0) \\ \Delta z_{\mathrm{T}}(x_0) \end{pmatrix} + \begin{pmatrix} 0 & -\varphi_z(x_0) & \varphi_y(x_0) \\ \varphi_z(x_0) & 0 & -\varphi_x(x_0) \\ -\varphi_y(x_0) & \varphi_x(x_0) & 0 \end{pmatrix} \begin{pmatrix} 50 \\ 0 \\ 10 \end{pmatrix} = \begin{pmatrix} \Delta x_{\mathrm{T}} \\ \Delta y_{\mathrm{T}} \\ \Delta z_{\mathrm{T}} \end{pmatrix} + \begin{pmatrix} 10\varphi_y \\ 50\varphi_z - 10\varphi_x \\ -50\varphi_y \end{pmatrix}
$$

总误差为

图　6-4

式（6-1）包含了一个基本假设，即工作台的三个运动轴，x、y 和 z，是严格正交的。事实上，多轴同时运动时，三个轴间独立的角度偏差会导致额外的位置误差。当存在独立的角度偏差时，三个轴不会相互垂直。误差分析时，各轴间的角度偏差必须加以考虑。

图 6-5 中，φ_{xy} 和 φ_{xz} 分别代表 x 轴相对于 y 轴和 z 轴的角度偏差。其他误差也可类似地定义。按此表达，各轴间的角度偏差只是一阶的。也就是说，尽管各轴间会有偏转，但各轴都是笔直的。如果不考虑工作台的扭曲及在部件坐标系中的扭转、俯仰和偏转误差，由于各轴间的角度偏差，参考点相对于地面的位置误差正比于沿机床坐标移动的距离可表示为

$$
\begin{pmatrix} \Delta x_{\measuredangle}(\boldsymbol{X}) \\ \Delta y_{\measuredangle}(\boldsymbol{X}) \\ \Delta z_{\measuredangle}(\boldsymbol{X}) \end{pmatrix} = \begin{pmatrix} 0 & -\varphi_{yz} & \varphi_{zy} \\ \varphi_{xz} & 0 & -\varphi_{zx} \\ -\varphi_{xy} & \varphi_{yx} & 0 \end{pmatrix} \begin{pmatrix} x_0 \\ y_0 \\ z_0 \end{pmatrix} \tag{6-2}
$$

式中，$\Delta x_{\measuredangle}$，$\Delta y_{\measuredangle}$，$\Delta z_{\measuredangle}$ 为各轴角度偏差引起的，是 $\boldsymbol{X}=(x_0, y_0, z_0)$ 点作多轴运动时的误差分量。这里，角度偏差与部件坐标无关，因其只反映点 P_0（图 6-1）由多轴运动引起的定位误差。

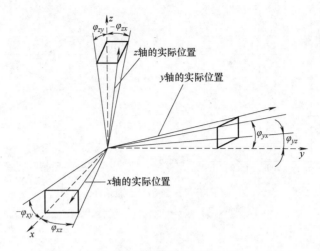

图 6-5 各轴间的垂直度误差

若某一轴，如纵向进给轴 x，被选作基准轴，而工作台面（xy 面）为基准面，如图 6-6 所示，则式（6-2）可进一步简化。即 φ_{xz}、φ_{xy}、φ_{yx} 及 $\Delta z_\angle$ 为零，式（6-2）简化为

$$\begin{pmatrix} \Delta x_\angle(\boldsymbol{X}) \\ \Delta y_\angle(\boldsymbol{X}) \end{pmatrix} = \begin{pmatrix} -\varphi_{yz} & \varphi_{zy} \\ 0 & -\varphi_{zx} \end{pmatrix} \begin{pmatrix} y_0 \\ z_0 \end{pmatrix} \tag{6-3}$$

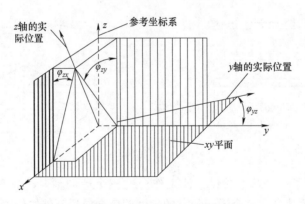

图 6-6 垂直度误差的简化

总的来说，多轴运动时，工件上任一点的位置误差是平移误差（由于工作台的扭曲）、扭转误差（由于扭转、俯仰及偏转）及角度误差（由于工作台各轴非正交）的线性叠加。因此

$$\begin{pmatrix} \Delta x_i(\boldsymbol{X},\boldsymbol{X}_{\mathrm{WP}i}) \\ \Delta y_i(\boldsymbol{X},\boldsymbol{X}_{\mathrm{WP}i}) \\ \Delta z_i(\boldsymbol{X},\boldsymbol{X}_{\mathrm{WP}i}) \end{pmatrix} = \begin{pmatrix} \Delta x_{\mathrm{T}}(\boldsymbol{X}) \\ \Delta y_{\mathrm{T}}(\boldsymbol{X}) \\ \Delta z_{\mathrm{T}}(\boldsymbol{X}) \end{pmatrix} + \begin{pmatrix} 0 & -\varphi_z(\boldsymbol{X}) & \varphi_y(\boldsymbol{X}) \\ \varphi_z(\boldsymbol{X}) & 0 & -\varphi_x(\boldsymbol{X}) \\ -\varphi_y(\boldsymbol{X}) & \varphi_x(\boldsymbol{X}) & 0 \end{pmatrix} \begin{pmatrix} x_{\mathrm{WP}i} \\ y_{\mathrm{WP}i} \\ z_{\mathrm{WP}i} \end{pmatrix}$$

$$+ \begin{pmatrix} 0 & -\varphi_{yz} & \varphi_{zy} \\ \varphi_{xz} & 0 & -\varphi_{zx} \\ -\varphi_{xy} & \varphi_{yx} & 0 \end{pmatrix} \begin{pmatrix} x_0 \\ y_0 \\ z_0 \end{pmatrix} \tag{6-4}$$

式中，$X_{WPi} = (x_{WPi}, y_{WPi}, z_{WPi})$，为工件坐标；$X = (x_0, y_0, z_0)$ 表示多轴进给运动。

加工过程中产生的工件尺寸误差，主要归咎于机床部件的误差。工件的尺寸误差是指其高度、宽度、长度、锥度、圆角半径等的误差。假定工件尺寸定义为 A、B 两点间的直线距离，则尺寸误差为

$$\begin{pmatrix} \Delta x_{\overline{AB}} \\ \Delta y_{\overline{AB}} \\ \Delta z_{\overline{AB}} \end{pmatrix} = \begin{pmatrix} \Delta x_A(X_{0A}, X_{WPA}) \\ \Delta y_A(X_{0A}, X_{WPA}) \\ \Delta z_A(X_{0A}, X_{WPA}) \end{pmatrix} - \begin{pmatrix} \Delta x_B(X_{0B}, X_{WPB}) \\ \Delta y_B(X_{0B}, X_{WPB}) \\ \Delta z_B(X_{0B}, X_{WPB}) \end{pmatrix} \tag{6-5}$$

式中 X_{0A} 为参考点 P_0 在点 A 被刀具切削（或被测头测量）时的位置；X_{0B} 为参考点 P_0 在点 B 被切削或测量时的位置。显然，如果式（6-4）中的各项为已知，则点 $A(\Delta x_A, \Delta y_A, \Delta z_A)$ 的位置误差及点 B 的误差可计算得到，这样给定刀具路径的尺寸误差也可估算得到。其实这里是假设切削力和工作台的动态特性不影响零件误差的产生。也应注意到，式（6-5）给出的尺寸误差是三维向量，足以为公差的累积计算提供所需的信息。

6.3　随机误差与公差范例

除以上阐述的确定性误差，随机误差也可能存在。这些随机误差或非系统性误差，在每一次试验中都可能不同。因此，通常采用统计处理的方法以量化其影响。

图 6-7 阐释了沿某一运动轴正向进给、反向进给测量的偏差结果分析示例。与均值曲线相邻，图中给出了相同条件下与 $3s$ 相应的若干测量读数（至少 5 个），其中 s 为标准偏差。正向测量与反向测量均值的差异是由于迟滞、反向间隙及死区等因素导致的。而这些因素是由移动部件的运动及摩擦力引起的。

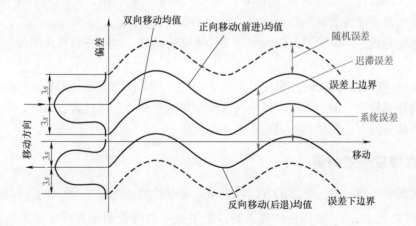

图 6-7　具有随机不确定度的单一轴双向运动的定位误差

测量得到的误差要根据规定的公差值进行评价，而公差是由国家机床制造商协会建议的，并给出了公差的应用范围。图 6-8 所示为一个双向检测的范例。如果测量结果总是在一定范围内波动，则它应是包含了各种误差。该范例的两个特征参数分别是最窄间距（公差范围）A 和斜度 K。对高精度机床，典型的公差值大约是 $A = 10\mu m$ 和 $K = 10\mu m/m$。

机床精度若为合格，则沿进给路径，任意两点 x_1 和 x_2（均为名义进给位置）的位置应满足

$$|\Delta x(x_1)-\Delta x(x_2)|<A+K|x_1-x_2| \qquad (6\text{-}6)$$

这一标准可扩展到多轴运动的状态

$$A=6s+\text{迟滞误差}$$

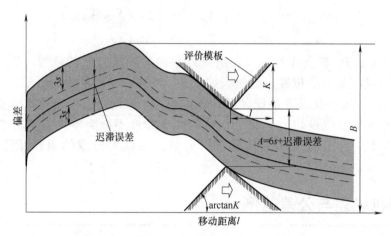

图 6-8 根据公差范例进行定位误差的评定

6.4 机床误差检验

机床的测量包括平移和转角的测量，它们决定了工件上任一点的位置误差。式（6-4）中表示的各项误差有三维的平移误差 X_T，部件坐标系（φ_x，φ_y，φ_z）的转角误差（扭转、俯仰及偏转）及各坐标轴间的角度（正交性）误差（φ_{xz}，φ_{xy}，φ_{yz}，φ_{yx}，φ_{zx}，φ_{zy}）。当这些误差项测量完成后，位置误差即表示为工件坐标的函数，这样整台机床的误差分布也就得以表述。

当测量机床的各项误差时，通常其不承受切削力和工件的重量。但是，这些几何特征会影响机床的静态特性、动态特性、热特性及实际切削过程的几何行为。因此，应该在定义的或典型的负载条件下，测量和确定机床的几何特征。

6.4.1 直线度误差测量

直线度误差是当只沿一个轴的方向做进给运动时，如 x_0 轴，另两个轴方向的运动误差，如 $\Delta y_T(x_0)$ 和 $\Delta z_T(x_0)$。利用聚焦光束和四象限光电二极管测量直线度误差的方法应用最为广泛，如图 6-9 所示。光束（如激光束）沿平行于进给路径的方向布置，照射在光电二极管上，二极管会将入射光在各象限的照射强度转换成信号输出。当光电二极管随机床工作台移动时，聚焦光束的照射强度保持不变。而工作台在垂直于进给方向平面内的移动，引起在二极管四个象限内光的照射强度的变化。通过仔细分析各象限所得的信号强度，即可确定在直线运动中水平方向和竖直方向的偏差。

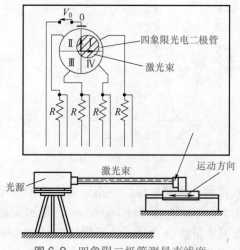

图 6-9　四象限二极管测量直线度

6.4.2　定位误差测量

进给运动的定位误差为理论位置和实际位置之差的大小。如，只沿单一轴 x_0 作进给运动时，定位误差为 $\Delta x_T(x_0)$。定位误差受许多因素的影响，如直线测量系统的分辨率和测量精度、驱动元件的弹性、加速和制动时的惯性力、导轨的摩擦力和爬行、定位后锁紧导致的工作台移动等。CNC 控制系统的性能和机床操作的水平也影响定位精度。

激光干涉法经常被用于测量进给运动的定位误差。图 6-10 所示为干涉法的基本原理。单一波长和相位的一束光，经分光镜分为两束光：基准光束和测量光束。前者由固定反射镜 M1 返回，后者经由固定在机床进给部件上且与入射光束做同向运动的反射镜 M2 返回。基准光束和测量光束最终都返回到光电探测器，但由于二者有光程差因而相位不同。如果光程差为光束波长的整数倍，则光电探测器接收到的光强最大；如果光程差为半波长的奇数倍，则光电探测器接收到的光强最弱，如图 6-11 所示。因此，用干涉仪测量位移的理论分辨率为半波长（以氦氖激光为例，为 0.316μm）。另外，环境因素如气压、温度、湿度、二氧化碳的含量等，也会影响测量精度。由于 M2 的位置改变了光电探测器接收到的光强，由最弱到最强变化多个周期。通过对周期数进行计数，则可以确定 M2 移动的距离。需要注意的是，干涉测量技术非常适用于测量运动和位移，但不适用于距离的静态测量。

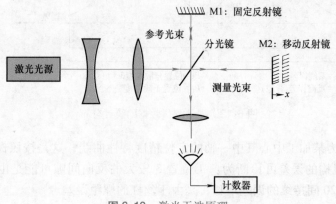

图 6-10　激光干涉原理

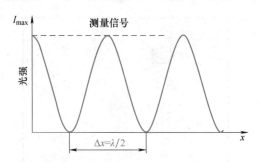

图 6-11   干涉测量的光强位移曲线

定位精度是机床质量及价值的重要指标。该指标必须是经标准化的验收检验程序获得，不得有不确定性。如，VDI（Verein Deutscher Ingenieure，德国工程师协会）/DGQ（Deutsche Gesellschaft Fur Qualitat，德国质量协会）规定，验收检验时移动件必须重复移动到多个参考位置，且每一运动轴都必须正反双向移动，定位误差用激光干涉仪确定。图 6-12 所示下列数据可计算为：

- 反向误差（背隙）：$U_i = |\bar{x}_{i\uparrow} - \bar{x}_{i\downarrow}|$，其中，$\bar{x}_{i\uparrow}$ 为正向接近位置 i 的均值（按全部重复测量值计）；$\bar{x}_{i\downarrow}$ 为反向均值。

- 分布宽度：$P_{Si} = 6\bar{s}_i = 6\left(\dfrac{s_{i\uparrow}+s_{i\downarrow}}{2}\right)$，其中，标准偏差 $S_{i\uparrow} = \sqrt{\dfrac{1}{n-1}\sum\limits_{j=1}^{n}(x_{ji\uparrow} - \bar{x}_{i\uparrow})^2}$；

n 为试验重复总次数。

- 定位不确定度 $P_{Ui} = U_i + P_{Si}$。

- 平均定位误差 $\bar{\bar{x}}_i = \dfrac{\bar{x}_{i\uparrow}+\bar{x}_{i\downarrow}}{2}$。

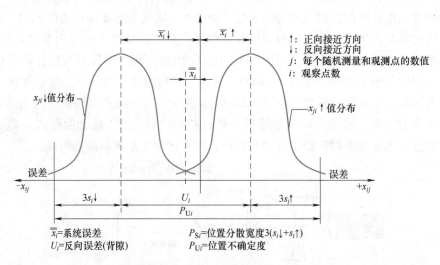

图 6-12   误差测量数据的统计分布

图 6-13 所示为某加工中心其中一轴的定位精度特性曲线，这是按照标准的验收方式检验得到的。进给机构的误差可诊断为：①位置 3 较大的反向间隙可能是由于进给轴的"故障"；②位置 15~20 间持续的误差增长，是由于丝杠的螺距误差。

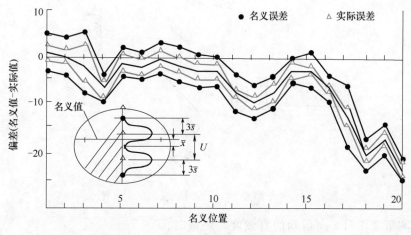

图 6-13 正反向进给统计数据评价示例

[例 6-2]

利用图 6-13 中前 5 点的数据，计算定位不确定度 P_{Ui} 和平均位置误差 $\bar{\bar{x}}_i$。

解

图 6-11 的前 5 个点为 ($i = 1, 2, 3, 4, 5$)：

$$3s_{i\uparrow} = (2.17, 2.25, 2.41, 1.04, 1.12)$$

$$3s_{i\downarrow} = (2.31, 2.46, 2.53, 1.13, 1.18)$$

$$\bar{x}_{i\uparrow} = (-0.64, -1.21, -4.51, -7.76, -2.66)$$

$$\bar{x}_{i\downarrow} = (2.41, 1.69, 2.50, -4.43, 0.72)$$

$$U_i = |\bar{x}_{i\uparrow} - \bar{x}_{i\downarrow}| = (3.05, 2.90, 7.01, 3.33, 3.38)$$

$$U_i = |\bar{x}_{i\uparrow} - \bar{x}_{i\downarrow}| = (3.05, 2.90, 7.01, 3.33, 3.38)$$

所以

$$P_{Ui} = U_i + P_{Si} = U_i + 3s_{i\uparrow} + 3s_{i\downarrow} = (7.53, 7.61, 11.95, 5.50, 5.68)$$

$$\bar{\bar{x}}_i = \frac{\bar{x}_{i\uparrow} + \bar{x}_{i\downarrow}}{2} = (0.885, 0.24, -1.005, -6.095, -0.97)$$

6.4.3 扭转、俯仰和偏转测量

要测量式（6-4）中的角度 φ_x、φ_y 和 φ_z，应采用适当的光学器件，通过两个直线夹角测量得到。图 6-14 为激光干涉仪双反射镜的基本配置。图 6-15 为俯仰角度的测量装置，扭转和偏转角度也可用类似方法得到。请注意，两个运动的反射镜可给出俯仰角度的大小，但无法得到具体的位置。要得到被测点的位置，需用如图 6-10 所示的装置，必须有固定的反射镜。

6.4.4 垂直度误差测量

两轴间的垂直度误差包括式（6-4）中的符号 φ_{yz}、φ_{zy}、φ_{xz}、φ_{zx}、φ_{xy} 及 φ_{yx}。这些误差可以通过四象限光电二极管分两步测量得到。图 6-16 为以 z、y 轴为例的两步测量示例。

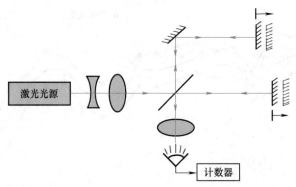

图 6-14　基于激光干涉仪双反射镜的角度位置测量

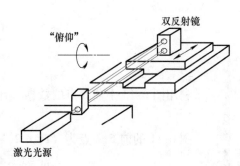

图 6-15　双反射镜测量俯仰角度

　　首先，测量工作台 z 向运动的直线度。测量时，四象限光电二极管固定在工作台上，随 z 向移动而记录误差读数，绘制出图中下方的曲线 $\Delta y(z)$。其平均直线与横坐标形成夹角 θ。

　　第二步，将五棱镜固定在静止的工作台上，入射光经 90° 折射为 y 轴运动方向；四象限光电二极管固定在刀架上。描绘图 6-16 上方的曲线 $z(y)$ 即为测得的 y 轴运动的直线度。两曲线的平均直线间形成夹角 α，表示两机床坐标轴间的垂直度误差。α 角也就是 φ_{yx}。图 6-17 给出了夹角 θ 与 α 间的关系。需注意，y 轴的垂直度误差是定义为相对于理论 z 轴，而不是相对于实际 z 轴。

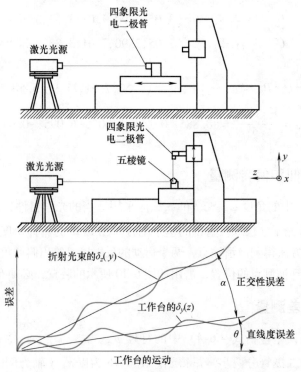

图 6-16　两运动轴的正交性测量

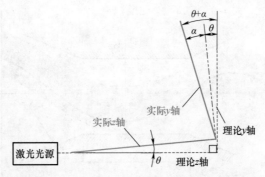

图 6-17　垂直度误差测量中 θ 与 α 的几何关系

课后习题

6.1　对于点 "i"，给定 $\begin{pmatrix} \Delta x_{\mathrm{T}} \\ \Delta y_{\mathrm{T}} \\ \Delta z_{\mathrm{T}} \end{pmatrix} \boldsymbol{X}_0 = \begin{pmatrix} 0 \\ 0.01 \\ 0.01 \end{pmatrix} \mathrm{mm}$，$\begin{pmatrix} x_{\mathrm{WP}i} \\ y_{\mathrm{WP}i} \\ z_{\mathrm{WP}i} \end{pmatrix} = \begin{pmatrix} 0 \\ 10 \\ 50 \end{pmatrix} \mathrm{mm}$，$\varphi_x(\boldsymbol{X}_0) = \varphi_y(\boldsymbol{X}_0) =$

0.001rad，$\varphi_z(\boldsymbol{X}_0) = 0$，$\begin{pmatrix} x_0 \\ y_0 \\ z_0 \end{pmatrix} = \begin{pmatrix} 100 \\ 50 \\ 50 \end{pmatrix} \mathrm{mm}$，$\varphi_{xy} = \varphi_{yx} = \varphi_{yz} = \varphi_{zy} = \varphi_{zx} = \varphi_{xz} = 0.001\mathrm{rad}$，计算

$\begin{pmatrix} \Delta x_i \\ \Delta y_i \\ \Delta z_i \end{pmatrix} (\boldsymbol{X}_0, \boldsymbol{X}_{\mathrm{WP}i})$。

6.2　除题 6.1 中的点 i 外，对于另一点 j，给定 $\begin{pmatrix} \Delta x_{\mathrm{T}} \\ \Delta y_{\mathrm{T}} \\ \Delta z_{\mathrm{T}} \end{pmatrix} \boldsymbol{X}_0 = \begin{pmatrix} 0.01 \\ 0 \\ 0.01 \end{pmatrix} \mathrm{mm}$，$\begin{pmatrix} x_{\mathrm{WP}i} \\ y_{\mathrm{WP}i} \\ z_{\mathrm{WP}i} \end{pmatrix} =$

$\begin{pmatrix} 50 \\ 10 \\ 50 \end{pmatrix} \mathrm{mm}$，$\varphi_x(\boldsymbol{X}_0) = \varphi_z(\boldsymbol{X}_0) = 0.001\mathrm{rad}$，$\varphi_y(\boldsymbol{X}_0) = 0$，$\begin{pmatrix} x_0 \\ y_0 \\ z_0 \end{pmatrix} = \begin{pmatrix} 150 \\ 100 \\ 100 \end{pmatrix} \mathrm{mm}$，$\varphi_{xy} = \varphi_{yx} = \varphi_{yz} = \varphi_{zy} =$

$\varphi_{zx} = \varphi_{xz} = 0.001\mathrm{rad}$，计算线段 ij 的零件尺寸误差。

6.3　已知图 6-18 所示公差模板，$A = 0.05\mathrm{mm}$，$b = 20\mathrm{mm}$，T（或 K）$= 0.0001$。计算题 6.1、6.2 中两指定点间定位误差在机床验收时的允许的标准偏差 s。注意，所有三个正交轴（x、y、z）均需满足公差模板。下图仅为一个轴（x）的进给方向的公差检验。假定各轴反向间隙为零。

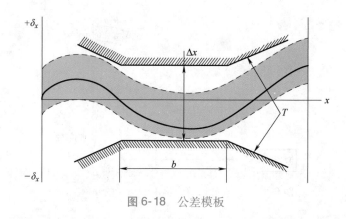

图 6-18 公差模板

6.4 设计一个测量系统，检验上图所示两运动轴的平行度误差。画出原理图，说明测量原理。

第 7 章

机械加工力学

7.1 正交切削模型

在机械加工的力学研究中，主要研究对象是切屑形成的基本过程，即通过刀具楔形切削刃去除一部分工件材料的过程。实际加工过程中，切削力决定切削功率，刀具与工件的界面情况决定了切削系统的动态稳定性，刀具的温度和应力决定了刀具的寿命。要确定影响整个加工过程最重要的因素，必须建立切削力、刀具应力、温度与切削工艺参数（如切削速度、切削深度、刀具的几何形状等，以及工件与刀具的材料特性等）之间的联系和潜在理论关系。目前已有研究工作大多基于实验测量数据导出经验公式来描述这一关系。然而，实验测量耗时且成本高，尤其是在新工件和刀具材料不断推出的情况下。此外，一个工件材料的名义组成参数的微小偏差就可能会造成加工特性较大的改变。为了减少实验工作，相关机理性质的研究比单纯实验研究显得更迫切。本章旨在对机械加工中的力进行研究和分析。

在切屑形成的实验和解析研究中，通常将相对简化的正交切削加工模型作为研究对象。如图 7-1 所示，具有切削平面和一条垂直于切削速度 v（工件相对刀具的速度）的切削刃刀具，正在去除平均深度为 t（通常称为未变形切屑厚度）和宽度为 b 的一层工件材料。这些尺寸都与第 2 章图 2-1 所示单齿切削过程相类似，其中 $t = a_c = f\sin\kappa_r$，$b = a_p/\sin\kappa_r$，其中 κ_r 是刀具的主偏角。在这种情形下，切削刃的几何形状可通过它的宽度及 α、θ 两个角度来定义，而一般切削刃宽度大于切削深度。刀具切削面和垂直于切削速度 v 的平面之间的夹角 α 称为前角；图 7-1 所示的前角为正，如果刀具前刀面往切屑方向倾斜则为负。实验表明，前角对切屑形成过程产生很大影响，同时对切削力和切削效率等也有很大影响。刀具的后刀面与已加工工件表面间的夹角 θ 称为后角。已有研究表明，该角度可影响后刀面磨损率。因此，后角的值取决于切削刃强度条件和刀具对已加工表面熨压的需要。

这种模型是一个二维模型，且近似满足加工过程理想化模型应有的假设条件：刀具完全尖锐，平面应变问题，切削深度恒定，切削速度恒定，连续形成切屑，切削刃无缺口，刀具上没有积屑瘤，剪切应力和正应力分别沿剪切平面和刀具。研究者中最早使用这种模型的是恩斯特和麦钱特（Ernest and Merchant），他们认为在工件上存在一个变形区域和非变形区域的分离边界，而这一边界可以由一个平面合理地表示出来，该平面称为剪切面，也称为第一变形面。如图 7-1 所示，剪切面 ABCD 与切削速度成一个剪切角 φ，使切屑从工件上分离出来。在该平面以下的材料不变形，而在平面以上的切屑则在剪切力的集中作用下发生滑移变形。

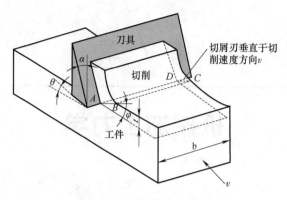

图 7-1　正交切削加工模型

7.2　正交切削力

　　理解切削过程中的切削力与切削功率是很重要的，具体原因为：在设计合适驱动电动机时，功率和转矩需要提前确定。只有在获得切削力数据的前提下，通过合理设计机床的结构，才有可能避免机床部件的过度扭曲，并维持加工零件所需的公差。工件在不发生严重变形的情况下所能承受的切削力必须提前确定，而切削力通常又是工件与刀具之间受迫振动的主要来源，因此切削力的大小对于机床动力学分析非常重要。

　　在正交切削中，作用于切屑的合力 R 位于垂直于刀具切削刃的平面上，如图 7-2 所示。这个力在实验中是通过测量两个垂直分量来确定的：一个在切削速度方向上（称为切削力 F_P）；另一个在垂直于切削速度方向（称为吃刀抗力 F_Q）。切削力合力的两个分量的精确测量通常使用各类测力仪来实现，如通过测量石英压电电荷、刀具支撑部件的变形（或应变）等获得。这两组分量 F_P 和 F_Q 可以用于计算在切屑形成过程中许多重要的变量。

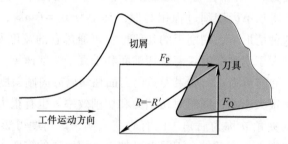

图 7-2　切削合力及切削力分量、吃刀抗力分量

　　需要注意的是所得到的合力也可以被分解为在刀具表面上两个分量：一个摩擦力 F_C，沿刀具与切屑接触面；一个法向力 N_C，垂直于该接触面，如图 7-3 所示。这两个分力与刀具与切屑接触面上的摩擦系数有关。假定摩擦系数为 μ，则

$$\mu = \tan\beta = \frac{F_C}{N_C} \tag{7-1}$$

式中，β 称为摩擦角。

　　切削合力被沿剪切面方向且大小相等方向相反的力所平衡，分解为剪切力 F_S 和法向力

N_S。图 7-3 给出了切屑形成的受力分析图。以合力 R 为直径构建力圆,从而使所有切削力起点和终点都能在这个力圆上得到反映,如图 7-4 所示。力圆的构造有利于后续关系的推导

$$F_S = F_P\cos\varphi - F_Q\sin\varphi \tag{7-2}$$

$$N_S = F_P\sin\varphi + F_Q\cos\varphi = F_S\tan(\varphi+\beta-\alpha) \tag{7-3}$$

$$F_C = -F_P\sin\alpha - F_Q\cos\alpha \tag{7-4}$$

$$N_C = -F_P\cos\alpha + F_Q\sin\alpha = F_C\cot\beta \tag{7-5}$$

因此,摩擦系数为

$$\mu = \frac{F_C}{N_C} = \frac{F_P\sin\alpha + F_Q\cos\alpha}{F_P\cos\alpha - F_Q\sin\alpha} = \frac{F_Q + F_P\tan\alpha}{F_P - F_Q\tan\alpha} \tag{7-6}$$

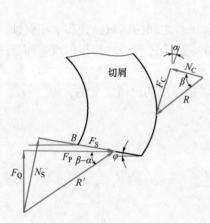

图 7-3　切屑受力分析图

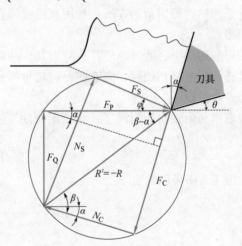

图 7-4　切削力圆

7.3　应力

由切削力在剪切平面的分量可知,剪切平面上剪切应力和正应力分别为

$$\tau = \frac{F_S}{A_S}$$

$$\sigma = \frac{N_S}{A_S} \tag{7-7}$$

式中,A_S 为剪切平面面积,对应切削宽度 b 和切削深度 t,有

$$A_S = \frac{bt}{\sin\varphi} \tag{7-8}$$

所以

$$\tau = \frac{(F_P\cos\varphi - F_Q\sin\varphi)\sin\varphi}{bt} \tag{7-9}$$

$$\sigma = \frac{N_S}{A_S} = \frac{(F_P\sin\varphi + F_Q\cos\varphi)\sin\varphi}{bt} \tag{7-10}$$

式（7-9）的剪切应力 τ 表示材料的表观剪切强度，是剪切工件和沿剪切面形成切屑必须克服的应力。实验表明，给定材料在不同的切削条件下计算出的剪切强度是恒定的。然而，在小切削厚度中，剪切应力 τ 随着切削厚度的增加而减少。这种剪切应力 τ 恒定的假设不成立的特例主要是由于切削刃上存在一个恒定的牵引力。我们将在第 8 章中详细解释。

7.4　剪切角

由于没有引入剪切角的相关知识，前几节所得到的关系并不能得到有效的应用。大致上说，有三种估计剪切角的方法：利用显微成像直接测量、通过切削速率计算和基于剪切角解析解预测。

在切削运动中，通过急停并移除刀具，并将切屑和工件之间的区域抛光和金相腐蚀，然后对其进行显微金相拍照，能够获得剪切角的显微照片。这个过程通常操作困难，而且还需要借助专业的设备。

剪切率是由轴向切削深度（未变形切削厚度）与切屑厚度的比值定义的，即

$$r = \frac{t}{t_c} \tag{7-11}$$

从图 7-5 中可以看出

$$\overline{AB} = \frac{t_c}{\cos(\varphi - \alpha)} = \frac{t}{\sin\varphi} \tag{7-12}$$

因此

$$\varphi = \arctan \frac{r\cos\alpha}{1 - r\sin\alpha} \tag{7-13}$$

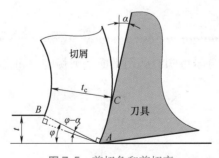

图 7-5　剪切角和剪切率

实验发现，在切削过程中，工件材料密度并没有发生改变。此外，根据正交切削模型中平面应力假设，切削宽度保持恒定，且是相对于切削深度来说的最大有效切削宽度。考虑到塑性材料体积恒定，并结合上述给出公式，得

$$r = \frac{t}{t_c} = \frac{l_c}{l} = \frac{v_c}{v} \tag{7-14}$$

式（7-13）和式（7-14）得到了一个简单直接的估算剪切角的方法，该方法只需要测量切屑长度 l_c 和相应的工作长度 l 及切屑速度 v_c 即可。

第一个完整的剪切角理论解析解是由恩斯特和麦钱特提出的。在他们的分析中，假定切屑是一个刚体，依靠切屑与刀具表面的摩擦力和剪切面上剪切力之间相互作用而保持相对平衡。他们认为，这样得到的剪切角 φ 能够使切削功率减至最小。因为，对于给定的切削速度，待完成的切削工作量与 F_P 成正比，而使 F_P 减少到最小是很有必要的。由切削力圆可知

$$F_P = \tau \frac{bt}{\sin\varphi} \frac{\cos(\beta - \alpha)}{\cos(\varphi + \beta - \alpha)} \qquad (7\text{-}15)$$

对 φ 求导，并令导数等于 0 可得到

$$\varphi = \frac{\pi}{4} - \frac{\beta}{2} + \frac{\alpha}{2} \qquad (7\text{-}16)$$

[例 7-1]

将一新工件材料装于车床上，用主偏角为 90°，前角为 10° 的车刀进行切削，测量后得到切削力是 400N，吃刀抗力是 150N。如果对同样材料进行切削，刀具前角变为 15°，其他条件不变，请估算出力的大小。

解

由式 (7-6)，可知 $\mu = \dfrac{F_Q + F_P \tan\alpha}{F_P - F_Q \tan\alpha} = \dfrac{150 + 400 \times \tan 10°}{400 - 150 \times \tan 10°} = 0.59$。

由式 (7-16)，可知 $\varphi = \dfrac{\pi}{4} - \dfrac{\beta}{2} + \dfrac{\alpha}{2} = \dfrac{\pi}{4} - \dfrac{\arctan 0.59}{2} + \dfrac{10°}{2} = 34.7°$。

则由式 (7-9) 得

$$\tau = \frac{(F_P \cos\varphi - F_Q \sin\varphi)\sin\varphi}{bt} = \frac{(400 \times \cos 34.7° - 150 \times \sin 34.7°) \times \sin 34.7°}{bt} = \frac{138.6}{bt}$$

假设摩擦角不随前角改变，则

$$\varphi' = \frac{\pi}{4} - \frac{\beta}{2} + \frac{\alpha'}{2} = \frac{\pi}{4} - \frac{\arctan 0.59}{2} + \frac{15°}{2} = 37.2°$$

并假设剪切力不随前角改变，则

$$\tau' bt = (F'_P \cos 37.2° - F'_Q \sin 37.2°) \times \sin 37.2° = \tau bt = 138.6 \text{N}$$

且

$$\mu' = \frac{F'_Q + F'_P \tan 15°}{F'_P - F'_Q \tan 15°} = \mu = 0.59$$

从上述的两个式，就可以发现 $F'_P = 364$N，$F'_Q = 101$N。但是假定 τ 为常数可能并不正确。然而可以观察在实际加工中：在相同的材料去除率情况下，大前角由于产生较小的塑性变形，确实能够降低切削力。

[例 7-2]

一台动力为 5HP 的普通车床，其主轴转速为 2400r/min。在这台车床上，采用 90° 的主偏角和 10° 前角的硬质合金刀具，车削直径为 5in 的圆柱形工件。工件材料是剪切强度为 15klbf/in² 的中碳钢。切削过程采用无润滑方式，切屑和刀具前刀面之间的摩擦系数为

0.4。当进给量和切削径向深度可自由调节时，在 2400r/min 的主轴转速下可以达到的最大材料去除率是多少？假设进给所需的功率与旋转所需的功率相比是可以忽略不计的，因此，功率（HP）= 切向切削力（lb）×π×工件直径（ft）×主轴转速/33000。需要注意的是在车削中材料去除率 MRR = 进给量×径向切削深度×主轴转速×工件直径。

解

能得到的最大切削力 F_P 由功率的最大值限制

$$功率 = \frac{F_P \pi dv}{33000} \Rightarrow 5 = \frac{F_P \pi \times \frac{5}{12} \times 2400}{33000} \Rightarrow F_P = 52.5\text{lb}$$

$$\beta = \arctan 0.4 = 21.8°, \quad \varphi = (90° - \beta + \alpha)/2 = 39.1°$$

因为 $F_Q = F_P \tan(\beta - \alpha)$，

$$bt = \frac{\sin\varphi\ (F_P \cos\varphi - F_Q \sin\varphi)}{\tau} = \frac{\sin\varphi F_P(\cos\varphi - \tan(\beta-\alpha)\sin\varphi)}{\tau}$$

$$= \frac{\sin 39.1° \times 52.5 \times [\cos 39.1° - \tan(21.8° - 10°) \times \sin 39.1°]}{15 \times 10^3} = 1.4 \times 10^{-3}\text{in}^2$$

能达到最大 $MRR = btv\pi d = 1.4 \times 10^{-3} \times 2400 \times \pi \times 5 \text{in}^3/\text{min} = 52.8 \text{in}^3/\text{min}$。

麦钱特发现，式（7-16）给出的理论在切削合成塑料时与得到的实验结果具有很好的一致性，但对与硬质合金刀具加工钢材则完全不可用。值得注意的是，在微分式（7-15）中，假定 τ 与 φ 是完全独立的。在重新考虑这些假设后，麦钱特引入一个新的理论关系

$$\tau = \tau_0 + K\sigma \tag{7-17}$$

图 7-6 表明，材料剪切面上的剪应力 τ 会随着正应力 σ 的增大呈线性增大趋势。这种关系已经得到了实验验证，对多晶体金属来说更是如此。根据应力圆，剪切强度的推导如下

$$\frac{\tau}{\sigma} = \frac{F_S}{N_S} = \cot(\varphi + \beta - \alpha) \tag{7-18}$$

结合式（7-17）和式（7-18），得到

$$\tau = \frac{\tau_0}{1 - K\tan(\varphi + \beta - \alpha)} \tag{7-19}$$

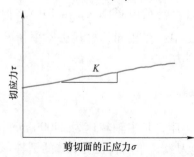

图 7-6　在麦钱特的第二个假设理论中剪应力与正应力的关系

将 τ 代入式（7-15），有

$$F_P = \frac{\tau_0 bt\cos(\beta-\alpha)}{\sin\varphi\cos(\varphi+\beta-\alpha)\left[1-K\tan(\varphi+\beta-\alpha)\right]} \tag{7-20}$$

现在假设 K 和 τ_0 是用于特定工件材料的常数，而 b 和 t 是切削操作常数。因此通过式（7-20）的变形计算得到 φ 的值

$$2\varphi+\beta-\alpha = \text{arccot}K \tag{7-21}$$

基于塑性理论的滑移线法，李和谢弗（Lee and Shaffer）给出了正交切削中求解剪切角的方法。在处理滑移线的问题上，需要做一些基本的假设，包括：材料是硬质塑料，材料特性对应变速率不敏感，切削温度的影响可以忽略不计，并且切屑加速度产生的惯性效应也可忽略不计。

在求解问题时，滑移线场由两个正交线族（滑移线）构成。这表明在塑性区的每个点，最大剪切应力有两个正交方向。由李和谢弗提出的用于连续切屑的正交切削滑移线如图 7-7 所示。该场假设所有的变形发生在剪切面上，其中由刀具施加的切削力由切屑通过一个三角形塑性区 ABC 传递到剪切面上。

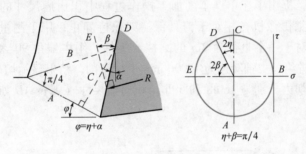

图 7-7　切削力圆

如果将该三角区的边界考虑在内，由于最大剪切应力一定沿剪切面发生，很显然，剪切平面 A 必须给出一组滑移线的方向。另外，由于穿过边界 B 后就没有力作用在切屑上，没有压力可以穿过这个边界进行传递。因此，B 可被认为是一个自由表面，并且由于最大剪应力的方向始终满足与自由表面的角度为 $\pi/4$，A 和 B 之间的角度必须等于 $\pi/4$。最后，假设作用在切屑-刀具面的应力是均匀的（在多数情况下，这种假设可能不正确），由于所得 R 无剪切分量，这使得在边界 D 中的主应力将满足边界摩擦角 β。由于最大剪应力方向与主应力的方向成 $\pi/4$，角度 η 由 $\pi/4-\beta$ 给出。如图 7-7 所示，有

$$\varphi = \eta+\alpha = \frac{\pi}{4}-\beta+\alpha \tag{7-22}$$

李和谢弗意识到式（7-22）不能应用于 $\beta=\pi/4$ 和 $\alpha=0$ 的情况。然而，他们认为这种高摩擦和低前角的条件只是那些在实际加工中形成积屑瘤的条件。为了支持这种观点，他们提出了第二种用于新的几何结构的解决方案，该结构中积屑瘤存在于前刀面中，其中

$$\varphi = \frac{\pi}{4}+\theta-\beta+\alpha \tag{7-23}$$

注意，这个解决方案与式（7-22）的不同是通过积屑瘤的大小来实现的，θ 值由图 7-8 得到视为给定。

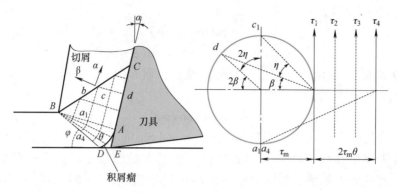

图 7-8   剪切角和切削比

[例 7-3]

积屑瘤是加工表面粗糙度的一个主要来源，但是，为了识别积屑瘤的大小而不中断切削过程可能是非常具有挑战性的，因为积屑瘤常常被埋在切屑下而不能从外部观察到。如下图所示的系统，提出了在单点车削加工操作过程中积屑瘤尺寸的非介入式估计。在该系统中有一个视觉摄像机，相对于刀具保持架保持静止，用于测量切屑速度，同时测力计记录切削力。对于一个直径为 2in 的圆柱形工件，用主偏角 90° 和前角为 5° 的刀具，以 0.02in/r 的速度进给，主轴转速为 1200r/min 进行车削，结果显示切屑速度为 390ft/min，主切削力和进给切削力分别为 160lb 和 50lb。积屑瘤尺寸（弧长 AD 如图 7-8 所示）的估计如图 7-9 所示。

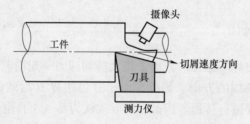

图 7-9   积屑瘤尺寸的估计

解

切削速率：$v = 1200\pi \times 2/12\,\text{in/min} = 628\,\text{in/min}$。

切削比：$r = v_c/v = 390/628 = 0.62$。

剪切角：$\varphi = \arctan[0.62 \times \cos5°/(1-0.62 \times \sin5°)] = 33.2°$。

摩擦角：$\tan\beta = \dfrac{F_Q + F_P\tan\alpha}{F_P - F_Q\tan\alpha} = \dfrac{50+160\times\tan5°}{160-50\times\tan5°} \Rightarrow \beta = 22.4°$。

修改李和谢弗的剪切角解决方法

$$\theta = \varphi - 45° + \beta - \alpha = 33.2° - 45° + 22.4° - 5° = 5.6°$$

积削瘤尺寸：$b = \theta t = \dfrac{5.6\pi}{180°} \times 0.02\,\text{in} = 1.93 \times 10^{-4}\,\text{in}$。

将上述的理论与实验结果进行比较，如图7-9所示。定性地说，实验结果表明，φ 和 $\beta-\alpha$ 之间存在负相关（即 $\beta-\alpha$ 减小时 φ 增大）的线性关系。因此，对于给定的前角，在前刀面上的平均摩擦角的减小将导致在相应减少的剪切区域内剪切角增大。由于在剪切区中的工件材料的平均剪切强度保持恒定，形成切屑所需的力将降低。前角的增加总是导致剪切角增大，因此，切削力会降低。

然而对于各种材料的测试结果，无论是恩斯特和麦钱特，还是李和谢弗的理论都无法做到定量一致。事实上，不存在由这些理论预测的唯一关系与所有的实验结果相一致。即使修正的麦钱特理论，在剪切面上的剪切应力被假定为与正应力线性相关，也不能与所有的结果一致。修正的麦钱特理论产生的关系为

$$2\varphi+\beta-\alpha=C \tag{7-24}$$

式中，C 是取决于加工材料的常数。将不同的 C 值代入到上式，仅能获得如图7-10所示的平行线。显然实验线是不平行的，从精确程度来说，式（7-24）不能用来描述或代表实验。切削刀具完全尖锐的假设导致了理论和实验剪切角值之间的偏差。当未变形切屑厚度较小时，这个假设尤其显得粗略。此外，该理论认为，主变形区可以被视为一个剪切面，然而，许多切削实验中都观察到了有限厚度的"剪切区"，这已表明在这个理论假设中，应变硬化和应变率效应的影响是不应被忽略的。

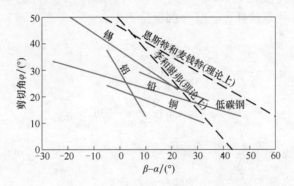

图 7-10　麦钱特的第二个假设理论中剪切应力与正压力

7.5　速度

这里涉及在正交加工过程中的三个基本速度：①切削速度 v，这是刀具相对于工件的速度，当进给速率较小时，其方向平行于力 F_P；②切屑速度 v_c，这是切屑相对于刀具沿着前角方向上的速度，因为新形成的切屑只是与刀具前面摩擦但并未与前面分离；③剪切速度 v_s，这是切屑相对于工件沿着剪切面方向的速度，因为新形成的切屑只滑过剪切面，但并没有与剪切面分离。这些速度如图7-11所示。

若切屑是不可压缩的，密度是不受形变过程影响的，基于连续性有

$$v_s = v + v_c \tag{7-25}$$

由图7-11，可以推出

$$v_c = v\frac{\sin\varphi}{\cos(\alpha-\varphi)} = vr \tag{7-26}$$

$$v_s = v_c \frac{\cos\alpha}{\sin\varphi} \tag{7-27}$$

因此

$$v_s = v \frac{\cos\alpha}{\cos(\alpha-\varphi)} \tag{7-28}$$

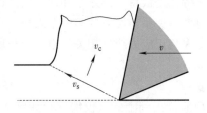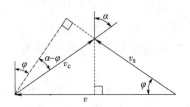

图 7-11　直角切削的三个基本速度

[例 7-4]

在切削深度为 0.001in，主轴转速为 4r/s，切削工件为直径为 1.5in 的圆柱形工件的条件下观察到的切屑速度为 13.2in/s。其中车刀前角为 5°，后角为 2°。如用 15°前角的车刀来替代的话，计算切屑的速度，其余都保持不变。

解

由（式 7-14），有 $r = \dfrac{v_c}{v} = \dfrac{13.2}{\pi \times 1.5 \times 4} = 0.7$，

$$\varphi = \arctan \frac{r\cos\alpha}{1-r\sin\alpha} = 36.6°$$

根据恩斯特-麦钱特模型：$\dfrac{\beta}{2} - \dfrac{\pi}{4} = \dfrac{\alpha}{2} - \varphi = \dfrac{\alpha'}{2} - \varphi'$。

（这里假设摩擦系数不随着前角的变化而变化）

$$\alpha = 5°, \quad \varphi = 36.6°, \quad \alpha' = 15°, \quad \varphi' = 41.6°$$

$$v_c' = r'v = \frac{\sin\varphi'}{\cos(\varphi'-\alpha')}\pi \times 1.5 \times 4 \text{in/s} = 14\text{in/s}$$

表明随着前角的增大，切屑的流出速度也随之增大。

7.6　剪切应变和剪切应变率

估算剪切应变 γ 时，需要将图 7-12 所示的三角形 ABC 考虑进去。可以得到

$$\gamma = \frac{\Delta S}{\Delta Y} = \frac{AB'}{CD} = \frac{AD}{CD} + \frac{DB'}{CD} = \tan(\varphi-\alpha) + \cot\varphi = \frac{\cos\alpha}{\sin\varphi\cos(\varphi-\alpha)} \tag{7-29}$$

通过式（7-28）和式（7-29）可得

$$\gamma = \frac{v_s}{v\sin\varphi} \tag{7-30}$$

应变率为

$$\dot{\gamma} = \frac{\Delta S}{\Delta Y \Delta t} = \frac{v_s}{\Delta Y} \tag{7-31}$$

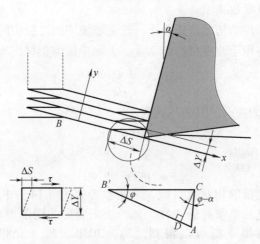

图 7-12　剪应变关系图

剪切平面的显微照片显示，剪切平面的厚度非常的小，通常只有 10^{-3}in。当剪切速度为 100in/s 时，他的应变率可达 10^5s^{-1}，这比传统的单轴拉伸实验所得到的数据要高出 7~8 个数量级。

7.7　切削能

正交切削时总的能量消耗率为

$$U = F_\text{P} v \tag{7-32}$$

比切削能是切除单位体积的材料所需要的总能量，其表达式为

$$u = \frac{U}{vbt} = \frac{F_\text{P}}{bt} \tag{7-33}$$

比切削能可以通过以下几种能量耗散：剪切平面的比剪切能（u_S）、刀具表面的比摩擦能（u_F）、由于切削生成新的表面而形成的比表面能（u_A）和材料穿过剪切平面时因动量变化而引起的比动量能（u_M）所以得

$$u = u_\text{S} + u_\text{F} + u_\text{A} + u_\text{M} \tag{7-34}$$

比剪切能是沿剪切面抵抗塑性变形的能量，可以表述为

$$u_\text{S} = \frac{F_\text{S} v_s}{vbt} = \frac{v_s}{v} \frac{\tau}{\sin\varphi} = \tau\gamma \tag{7-35}$$

比摩擦能为

$$u_\text{F} = \frac{F_\text{C} v_c}{vbt} = \frac{F_\text{C} r}{bt} \tag{7-36}$$

比表面能是一个与热力学相似的术语。比表面能可以理解为断裂离子键生成新表面所需的能量，它通常与材料的断裂韧性有关。其可以表述为

$$u_A = 2\frac{Tvb}{vbt} = 2\frac{T}{t} \tag{7-37}$$

式中，T 是生成单位面积所需要的表面能，对于金属来说 $T \approx 0.006\text{in} \cdot \text{lb/in}^2$。因为有两个表面产生，所以需要乘以参数 2。

未被切削部分相对工件的初始位置静止，这会增加切削过程中的排屑速度。因此当刀具切削材料时一部分能量将用于改变材料的动量。去除单位体积材料所需的比动量能为

$$u_M = \frac{F_M v_s}{vbt} \tag{7-38}$$

式中，F_M 是沿剪切平面的冲力，其表达式为

$$F_M = \rho(vbt)v_s \tag{7-39}$$

式中，ρ 是工件的密度。所以

$$u_M = \rho v^2 \gamma^2 \sin^2\varphi \tag{7-40}$$

为了得到这四个比能量的相对数量级，采用参考文献［14］中表 3.1 给出的典型金属切削参数来计算比能量是一个很好的选择。如，由未变形的切削厚度 $3.7 \times 10^{-3}\text{in}$ 和切削速度 1186ft/min，参考表格第 4 行可以得到，$F_P = 303\text{lb}$，$F_Q = 168\text{lb}$，$b = 0.25\text{in}$，$\tau = 93 \times 10^3 \text{lbf/in}^2$，$\rho = 7.25 \times 10^{-4}\text{lb/in}^3$，$v = 1186\text{ft/min}$，$\gamma = 2.4$，$\varphi = 25°$，$r = 0.44$，$\alpha = 10°$，比能量可以计算得

$$u = \frac{F_P}{bt} = \frac{303}{0.25 \times 3.7 \times 10^{-3}}\text{lbf/in}^2 = 327567\text{lbf/in}^2$$

$$u_S = \tau\gamma = 93 \times 10^3 \times 2.4\text{lbf/in}^2 = 223200\text{lbf/in}^2$$

$$u_F = \frac{(F_P\sin\alpha + F_Q\cos\alpha)r}{bt} = \frac{(303\sin10° + 168\cos10°) \times 0.44}{0.25 \times 3.7 \times 10^{-3}}\text{lbf/in}^2 = 103727\text{lbf/in}^2$$

$$u_A = \frac{2T}{t} = \frac{2 \times 0.006}{3.7 \times 10^{-3}}\text{lbf/in}^2 = 3.2\text{lbf/in}^2$$

$$u_M = \rho v^2 \gamma^2 \sin^2\varphi = 7.25 \times 10^{-4} \times \left(\frac{1186 \times 12}{60}\right)^2 \times 2.4^2 \times \sin^2 25°\text{lbf/in}^2 = 41.96\text{lbf/in}^2$$

通过这个例子可以得出大部分切削所需的能量被消耗在塑性变形与摩擦上。动量和表面能几乎可以忽略不计。

[例 7-5]

在车削加工中，用前角为 8° 的刀具将直径 2.8in 的工件一次车到 2.6in。主轴转速为 600r/min，进给速度为 0.1in/s，测得主切削力为 250lb，进给抗力为 45lb。试估算切削过程中的比切削能、比剪切能和比摩擦能。

解

由式（7-6）可得 $\mu = \dfrac{F_Q + F_P\tan\alpha}{F_P - F_Q\tan\alpha} = \dfrac{45 + 250\tan8°}{250 - 45\tan8°} = 0.33$。

由式（7-16）可得 $\varphi = \dfrac{90° - \arctan0.33 + 8°}{2} = 40°$。

由式（7-12）可得 $r = \dfrac{\sin\varphi}{\cos(\varphi - \alpha)} = \dfrac{\sin40°}{\cos(40° - 8°)} = 0.76$。

由式（7-29）可得 $\gamma=\tan(\varphi-\alpha)+\cot\varphi=\tan(40°-8°)+\cot40°=1.82$。

完整的切屑厚度 $t=\dfrac{v}{\omega}=\dfrac{4/40}{600/90}\text{in}=0.01\text{in}$。

由式（7-9）可得

$$\tau=\frac{(F_{\mathrm{P}}\cos\varphi-F_{\mathrm{Q}}\sin\varphi)\sin\varphi}{bt}=\frac{(250\times\cos40°-45\times\sin40°)\times\sin40°}{0.1\times0.01}\text{lbf/in}^2=104500\text{lbf/in}^2$$

由式（7-33）可得 $u=\dfrac{F_{\mathrm{P}}}{bt}=\dfrac{250}{0.1\times0.01}\text{lbf/in}^2=250000\text{lbf/in}^2$。

由式（7-35）可得 $u_{\mathrm{S}}=\tau\gamma=104500\times1.82\text{lbf/in}^2=190190\text{lbf/in}^2$。

由式（7-36）和（7-4）可得

$$u_{\mathrm{F}}=\frac{(F_{\mathrm{P}}\sin\alpha+F_{\mathrm{Q}}\cos\alpha)r}{bt}=\frac{(250\times\sin8°+45\times\cos8°)\times0.76}{0.1\times0.01}\text{lbf/in}^2=60148\text{lbf/in}^2$$

虽然比切削能 u 是由材料的性能尤其是硬度决定的，但是它也会随着刀具角度及进给速度的改变而变化。

较大的刀具前角会造成较小的切屑变形，因而会产生较小的比切削能。通常情况下，前角每增加一度，u 就会减少 1%。

切削刀具并不是完全锋利的，切削刃通常呈现圆柱形，即刀尖，包括后刀面和前刀面。在刀刃切削工件时，在刀尖上存在着一个作用力。通常情况下这个力称为"犁入力"，在切削厚度较大时这个力在切削力中所占比例较小。但是当切削厚度较小时犁入力所占比例较大从而不可忽略。而总的切削力可以分为两个部分：一个是沿着切削表面用于去除材料恒定不变的力，另一个是会随着切削厚度减小而增加的犁入力。u 和切屑厚度的 -0.2 次方成比例，这可以作为一种检测方法。比切削能与切屑厚度成反比解释了为什么诸如磨削这样产生小切屑的加工过程在切削相同体积的材料时需要更多的能量。

课后习题

7.1　在一车削加工中，车刀的主偏角为 90°，前角为 15°，后角为 5°，进给量为 0.005in/r，径向切削深度 0.1in，主轴转速 1200r/min。工件材料的剪切强度为 127klbf/in²。已知刀具前刀面与切屑之间的摩擦系数约为 0.454，试估算加工过程中的切削力。

7.2　用高速钢刀单点车削铸铁时，测得主切削力为 250lb，轴向力为 48lb，切削深度为 0.05in，主轴转速为 1200r/min。工件直径为 2.5in，1min 可完成 6in 的切削长度。试估算工件材料的剪切强度。注意：刀具的主偏角为 90°，采用正交切削。

7.3　在一正交切削实验中，使用前角为 7°，后角为 5° 的刀具。未变形切屑厚度为 0.5mm。干切时切屑厚度为 0.9mm，湿切时切屑厚度为 0.7mm。试使用恩斯特-麦钱特模型和李-谢弗模型计算摩擦系数。

7.4　假设一个 50mm 的退火 1113 钢棒，其剪切强度为 210MPa，采用前角为 10°，主偏角为 90° 的刀具进行加工。切削宽度为 5mm，切削深度为 1mm，主轴转速为 5200r/min。试估算切削所需的功率、在此工况下材料的比切削能和剪切面上的应变率。假设摩擦系数为

0.3，采用恩斯特-麦钱特模型计算。

7.5 恩斯特和麦钱特在研究剪切角的发展历程中，曾假设剪切应力不随各种剪切角 φ 的改变而变化。这曾经是已知 φ 通过微分式（7-15）推导式（7-16）的基本条件。假设，你现在提出一个新的假说：假设正应力（而不是剪切应力）不随着剪切角而改变，那么基于这个假说剪切角的解决方法又将如何？

第 **8** 章

切削剪切应力

这一章将深入研究在金属切削中剪切面上的剪切应力，旨在解释正交切削数据与扭转测量数据的剪切应力和剪切应变之间的显著差异。由第 7 章导出下列公式并绘制成图形，如图 8-1 所示。

$$\tau = \frac{(F_P \cos\varphi - F_Q \sin\varphi)\sin\varphi}{bt} \tag{8-1}$$

$$\gamma = \tan(\varphi - \alpha) + \cos\varphi \tag{8-2}$$

由图 8-1 可知，典型切削数据值要比扭转测试数据值高得多。这种差异的产生是由于标准化测试（扭转和拉伸）不适用于估计金属切削中剪切应力和剪切应变的程度，以及切削力和功率大小。

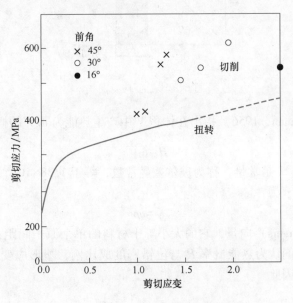

图 8-1 低切削速度 Y15 钢的切削和扭转数据差异

在带状切屑连续产生的正交切削中，工件在剪切面上的塑性变形伴随着大应变率和高温等特征，并且由于在剪切平面上有正应力的存在，在没有严重断裂的情况下会产生大的均匀应变。这些工况条件与标准化测试中的条件存在很大差异，这些条件对剪切面上的剪切应力的影响将在下面进一步讨论。

8.1　应变率和温度

通常认为，切削热可通过在剪切面上形成位错来施加应力。图 8-2 所示为材料分布均匀的弹性应力-应变曲线。阴影区域表示了单位体积的材料要升高到流动应力等级 τ_0 所需的能量。剪切应力 τ 是表观强度，是由外部力场施加的应力；C 是在剪切面上的微裂纹的尖端处的应力集中系数。在这种情况下，剪切工作材料所需能量为 $\dfrac{\tau_0^2}{2G}$。这里的 G 为剪切模量；$\tau_0 = C\tau + \Delta\tau$。能量 u_θ 中的一部分是从热能中得到的，u_θ 描述为

$$u_\theta = \frac{\Delta\tau^2}{2G} + C\tau\Delta\gamma = \frac{\Delta\tau^2}{2G} + \frac{C\tau\Delta\tau}{G} = \frac{(\tau_0^2 - C^2\tau^2)}{2G} \tag{8-3}$$

这表明，每当在应力集中区域单位体积的热能达到由上述公式得出的值时，就会产生位错。

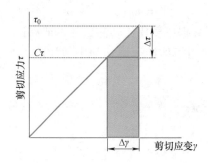

图 8-2　应力-应变曲线

玻尔兹曼（Boltzman，1956）指出在体积 V' 中产生热能为 $u_\theta V'$ 的概率 P 为

$$P = e^{\frac{-u_\theta V'}{kT}} \tag{8-4}$$

式中，T 是绝对温度；k 是常量，称为玻尔兹曼常数，等于 $1.38 \times 10^{-23} \mathrm{J/K}$。

给定塑性应变率 $\dot\gamma$ 为

$$\dot\gamma = b\rho\bar{v} \tag{8-5}$$

式中 b 是伯格斯（Burgers）向量，它的大小等于材料的单个原子间距；ρ 是位错密度；$\bar{v}$ 是位错的平均速度。人们认为热能概率 P 与位错密度成比例，塑形应变率与足够的热能产生位错的概率成比例。因此

$$\gamma = AP = Ae^{\left(-\frac{u_\theta V'}{kT}\right)} \tag{8-6}$$

式中，A 是比例系数。通过式（8-3），上式可写为

$$\dot\gamma = Ae^{-\frac{(\tau^2 - C^2\tau^2)V'}{2GkT}} \tag{8-7}$$

则

$$\tau^2 = \frac{\tau_0^2}{c^2} - T\left[\frac{2Gk}{c^2 V'}(\ln A) - \frac{2Gk}{c^2 V'}(\ln\dot\gamma)\right] \tag{8-8}$$

对于给定材料，τ_0、c、G、k、V' 和 A 都是常数，因此我们规定

$$C_1 = \frac{\tau_0^2}{c^2}, \quad C_2 = \frac{2Gk}{c^2 V'}(\ln A), \quad C_3 = \frac{2Gk}{c^2 V'} \tag{8-9}$$

式中，C_1、C_2 和 C_3 是属性相关系数，式（8-8）因此可表示成

$$\tau^2 = C_1 - T[C_2 - C_3(\ln\dot{\gamma})] \tag{8-10}$$

在不同温度和应变速率下，对退火 Y15 钢进行拉伸试验所得剪切应力数据为

绝对温度（兰氏温度）$T/°\mathrm{R}$	应变率 $\dot{\gamma}/\mathrm{s}^{-1}$	剪切应力 $\tau/(\mathrm{lbf/in}^2)$
530	0.0009	38550
530	482	46400
160	0.0009	59700

通过上面的数据，常数 C_1、C_2 和 C_3 可以得到，式（8-10）成为

$$\tau = \{4.4\times10^9 - T[4.9\times10^6 - 9.5\times10^3(\ln\dot{\gamma})]\}^{1/2} \tag{8-11}$$

研究表明，温度对材料表面剪切强度的影响被应变速率的影响抵消，反之亦然。

8.2　正应力影响

在切削过程中，剪切面的剪切应力还受到正应力的影响。布兰基曼在 1952 年对带槽空心管开展过扭转实验，如图 8-3 所示。样品除了受到扭转力外，还受到轴向压力。由于横截面积减少，应变集中在槽口截面处。通过估算各种加载条件下的剪切应变与剪切应力曲线，发现剪切面上不同压应力条件下流动曲线相同。这一结果与包含较低塑性应变的其他材料的材料测试结果一致。然而，在严重断裂时，压应力对应变有极大的影响，并随着压应力的增加而显著增加。

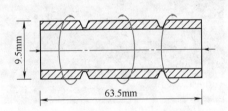

图 8-3　拉-扭复合加载的布兰基曼试样

在 1967 年，沃克和肖（Walker and Shaw）测量了管状试样在受扭转和挤压载荷时的塑性流动所产生的声能。发现屈服点处有较强的声响，随后是相对静默，直到剪切应变达到 1.5 左右。为了解释这种现象，大应变塑性流动理论随之诞生。它表明剪切面上适当的正应力条件下，当剪切应变达到 1.5 时，微裂纹开始在剪切平面上的剪切应力集中的地方萌生。当应变超过这个点时，第一个微裂隙被剪切闭合，另一个微裂纹随之发生。剪切面上的静默区域逐渐增大，直到它不足以抵抗未断裂的剪切载荷。这一原理看起来与位错理论背离，但是它为通常的应变强化曲线在描述大的塑性流动时的失真提供了解释。

如果剪切面上的正应力是拉应力，那么这些微裂纹就会在剪切表面上迅速扩展，导致严重的断裂。在金属切削中，剪切面上存在的压应力能够抑制微裂纹的扩展，增加了变形所需要的剪切应力。普通材料试验要么没有包含微裂纹的产生，要么在剪切平面上正应力和剪切应力的比与切削过程截然不同。

8.3 非均匀应变

一般认为塑性材料应力-应变的关系满足如下给出的应变强化曲线

$$\sigma = K\varepsilon^n \tag{8-12}$$

式中，K 称为强度系数；n 是加工硬化指数。但是，布拉辛斯基和科尔（Blazynski and Cole）在 1960 年的实验中指出上述等式只有在应变达到 1 的时候才有效。当应变超过 1 时，应力-应变的关系是线性的，而且能够以如下形式给出

$$\sigma = (1-n)K + nK\varepsilon \equiv A + B\varepsilon \tag{8-13}$$

虽然上述等式是针对正应力提出，但是在给定剪切平面上，剪切应力同样也能够被近似地描述为一种滑移程度的线性关系

$$\tau = A' + B'\Delta S \tag{8-14}$$

在晶体金属材料的剪切变形中，滑移现象在每个原子平面并不是均匀产生的，活跃的滑移面相距甚远。这种模块式的变形归因于结晶过程中的内在缺陷。随着材料的体积变形量的增加，可假定缺陷密度是均匀的。然而，由于体积变形量接近于小的缺陷，模块式的应变不均匀特性变得相当明显。因此，应变不均匀性存在尺寸效应。

在金属切削过程中，与切削宽度相比，未变形切屑厚度通常是非常小的，并且非均匀应变通常可以在切屑背面观察到，如图 8-4 所示。在宏观视图中，剪切平面实际上是由一系列距离为 a 的活跃的滑移面沿切屑宽度方向堆积而成的。如果活跃的平面是由晶体缺陷导致的，那么剪切平面的间距将会与缺陷的距离相接近。

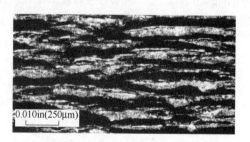

0.010in(250μm)

图 8-4　切屑背面的集中应变

为了便于分析，可以假设在工件材料各个方向上均匀地分布着缺陷点，缺陷点间的距离为 a，如图 8-5 所示。P_1 和 P_2 为两个平行的剪切面，与切削的方向夹角为 φ，并且 P_1、P_2 依次通过切削表面下第一行缺陷上相邻的两个点。对于切削深度 t，将会有 t/a 个活跃的剪切面存在于 P_1 和 P_2 之间，这样在切削过程中，单一表面通过每一层每一个缺陷点。注意，这些 t/a 个活跃的剪切面彼此不需要平行。由于 P_1 和 P_2 之间的距离是 $a\sin\varphi$，则活跃剪切面之间的平均距离为

$$\Delta Y = \frac{a\sin\varphi}{t/a} = \frac{a^2\sin\varphi}{t} \tag{8-15}$$

并且从式（7-29）得活动剪切面上的滑移量是

$$\Delta S = \frac{a^2\sin\varphi}{t}\gamma \tag{8-16}$$

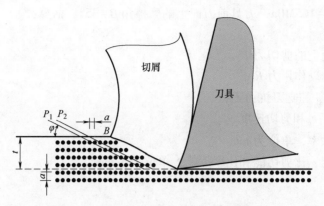

图 8-5　工件结构上均匀地分布着缺陷点

宏观剪切面上的剪切应力实际上等于每一个活跃的微观剪切面上的剪切应力，从上述式（8-14）、式（8-16）和式（7-29），可以证明

$$\tau = A' + B' \frac{a^2 \sin\varphi}{t} \left[\cot\varphi + \tan(\varphi - \alpha) \right] \tag{8-17}$$

这一方程表明，剪切面上的剪切应力不是常数，而是取决于应变强化率（如受 A' 和 B' 的影响）、切屑应变（ΔS 或者 γ）、缺陷密度（a）及未变形切屑厚度与缺陷密度的比值（t/a）。

[例 8-1]

式（8-17）给出的非均匀应变模型可用参考文献 [14] 中表 3.1 给出的数据进行评估。采用硬质合金刀具加工布氏硬度为 187 HBW 的 NE9445 钢工件，切削宽度为 0.25in。假设获得的切削数据如下：

t/in	φ	α	$\tau/(\mathrm{lbf/in^2})$
3.7×10^{-3}	17°	10°	85×10^3
1.09×10^{-3}	19°	10°	103×10^3

估计切削深度为 2.34×10^{-3}in，剪切角为 18.5° 和前角为 10° 的剪切平面上的材料剪切应力。

解

将以上数据代入式（8-17），屈服应力 $A' = 77440\mathrm{lbf/in^2}$ 而 $B'a^2 = 28.5\mathrm{lb/in}$，假设缺陷密度在不同的批次工件中不改变，式（8-17）可以在 $t = 2.34\times10^{-3}$、$\varphi = 18.5°$ 和 $\alpha = 10°$ 时再次使用去给定 $\tau = 90\times10^3\mathrm{lbf/in^2}$。在参考文献 [14] 中表 3.1 给出的切削条件是 $\tau = 93\times10^3\mathrm{lbf/in^2}$。

课后习题

在 20 钢的正交切削过程中，采用的未变切削厚度为 $a = 0.5$mm，切屑的平均厚度为 $a_c = 0.8$mm，刀具前角为 10°，切削宽度为 8mm，切削速度为 200m/min。通过切削实验得到剪

切面上的切应力 $\tau = 165\text{MPa}$，刀具前刀面上的摩擦角 $\beta = 35°$。估算：

(1) 剪切角 φ。

(2) 剪切表面上的剪切力 F_s。

(3) 刀具上的反作用力 R_1。

(4) 切削力 F_P 和吃刀抗力 F_Q。

(5) 切屑速度 v_c 和剪切速度 v_s。

(6) 材料去除率，单位为 mm^3/s。

(7) 比切削能、比剪切能和比摩擦能，单位为 J/mm^3。

第9章

切削温度与热分析

切削过程中，由于切削能的释放，会在刀具切削刃处产生高温。高温对切削刀具的磨损率和切屑与刀具间的摩擦力具有决定性的影响，同时，也会导致残余应力和热变形，在很大程度上影响工件切削后的性能。因此，测量与预测切削时刀具、切屑和工件的温度备受研究者的关注。例如，有实验表明，硬质合金刀具加工紫铜，切削深度为 0.3mm，进给量为 0.2mm/r，进给速度为 100m/min，切削温度大约为 300℃。对于直径为 30mm，线性热膨胀系数（CTE）在 20℃ 为 $17×10^{-6}℃^{-1}$。由于热效应而导致的直径变化值为 $30×17×10^{-6}×280mm=0.143mm$。因此，工件冷却后测量所得的尺寸将小于它在加工过程中切削深度的 50%。这个预测包含了不少未经证实的假设，如均匀的切削温度分布和不变的线性热膨胀系数。但它粗略地说明了切削温度对工件性能可能产生的影响。

9.1 切削温度的测量

目前已开发出了多种方法来测量金属切削时的温度。其中一些方法仅能测量切削区平均温度，尽管在精确控制的实验室条件下测量切削区域的温度分布是可能的。

9.1.1 热电偶法

目前使用最广泛的测定切削温度的方法是热电偶技术。通常采用工件-刀具热电偶结构或者嵌入式热电偶结构。图 9-1 所示为车床上工件-刀具热电偶结构的示意图。图中热电偶回路与机床是绝缘的，同时采用相同的回路校准热电偶。这种布置方式仅限于测量切屑和工件界面的平均温度，无法表明温度的分布情况。图 9-2 给出了采用嵌入式热电偶测量温度的实验装置和典型的温度-时间曲线。这种方法提供了靠近刀具表面特定点的温度变化。工件-刀具方法和嵌入式测量法已被广泛应用于研究切削参数对切削温度的影响和获取切削温度和刀具磨损率之间的经验关系。

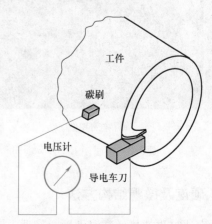

图 9-1　工件-刀具热电偶切削温度测量装置示意图

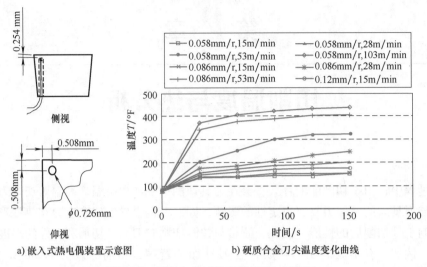

a) 嵌入式热电偶装置示意图   b) 硬质合金刀尖温度变化曲线

图 9-2　硬质合金刀片车削 6061（LD30）

9.1.2　热辐射法

对红外辐射敏感的相机和胶片可用于测量切削区的温度分布情况。通常在切削的同时需测量已知温度的热源以进行校准。当前红外感光膜改进和热成像摄像机的发展已能够测量从室温到超过 1000℃ 的工件温度，但是该技术仅适用于观察切削加工中可见的刀具-工件区域，这个因素限制了该技术应用于实验室以外的其他测试目的。图 9-3 所示为典型的红外摄相机获得的管件表面加工时的数字图像。

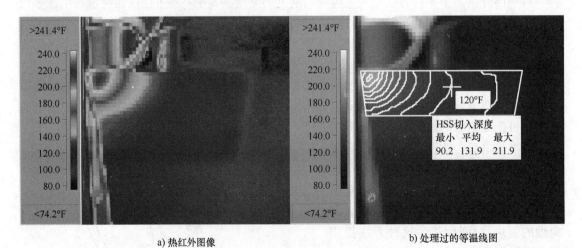

a) 热红外图像   b) 处理过的等温线图

图 9-3　高速钢刀具以 28m/min，0.058mm/r 干切削 6061（LD30）

9.1.3　硬度及微观结构方法

淬硬钢通过再加热后常温硬度会降低，硬度的损失与温度和加热时间有关。硬度降低是由于钢的微结构变化所致。这些结构的变化可通过光学和电子显微镜观察到，这些变化提供了切削过程中测量温度分布的一种有效方法。切削后刀具显微硬度的测量可用于确定刀具的等温线，但是该方法比较耗时，而且需要非常精确的硬度测量结果，并依赖于对所观察到结构变化进行的经验解释。对于钢，在当前技术水平下，通常能达到的精度是±25℃。

9.2　切削热生成

当材料发生弹性变形时，所需的能量作为应变能被存储在材料中，并且不产生热量。然而，当材料发生塑性变形时，所有的大部分能量被转化为热能。在金属切削时，材料发生极高的应变。由于弹性变形只占总变形的很小部分，因此可以假定所有切削所需的能量均被转换成热能。需要注意的是，加工过程中的能量消耗率 P 为

$$P = F_{\mathrm{P}} v \tag{9-1}$$

式中，F_{P} 是主切削力；v 是切削速度。

切削时，由两个主要的塑性变形区负责将能量转换成热能：剪切区或主变形区和第二变形区，如图 9-4 所示。如果刀具没有严重磨损，则与刀具后刀面接触时的工件变形可以忽略不计。因此

$$P = P_{\mathrm{S}} + P_{\mathrm{F}} \tag{9-2}$$

式中，P_{S} 是主变形区热量产生速率（剪切区热耗）；P_{F} 是第二变形区热量产生速率（摩擦生热率）。$P_{\mathrm{F}} = F_{\mathrm{C}} v_{\mathrm{c}}$，其中，$F_{\mathrm{C}}$ 为前刀面上的摩擦力；v_{c} 为切屑速度，$v_{\mathrm{c}} = rv$。

为了更好地理解工件、切屑和刀具如何从这些区域将热量传递出去，有必要考虑热量在相对于热源移动的材料中的传递。图 9-5 显示了位于笛卡儿坐标系中的四个静止点，在 x 方向上有材料流过这些点。假定点 A 的材料具有瞬时温度 T，点 A、B、C 和 D 处的坐标和温度如图所示。

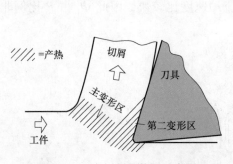

图 9-4　正交切削的热源示意图

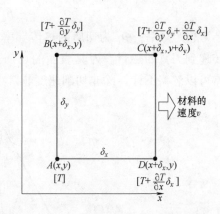

图 9-5　加热材料单元的热流情况

由于在 x 方向上的温度梯度引起热传导，以及加热材料在边界流动导致对流传热，因此热量同时通过传导和对流的方式在 AB 和 CD 边界传递。而在穿过 BC 和 AD 边界时，热量只能通过传导的方式转移，因为在这些边界没有材料的流动。如果在 $ABCD$ 定义的单元内存在强度为 P（热产生的时间比）的热源，则能量平衡需要

$$\frac{\partial^2 T}{\partial x^2}+\frac{\partial^2 T}{\partial y^2}+\left(\frac{R}{a}\frac{\partial T}{\partial x}\right)=P \tag{9-3}$$

式中，R 是由 $\rho cvt/k$ 确定的无量纲数，称为热数，其中，ρ 为密度（单位为 kg/m³）；k 为热导率（单位为 W/(m·K)）；c 为比热容（单位为 J/(kg·K)）；v 为该材料运动速度（单位为 m/s）；t 为未变形切屑厚度。方程中的第一项归因于穿过 AB 和 CD 边界的热传导；第二项归因于穿过 BC 和 AD 边界的热传导；第三项归因于穿过 AB 和 CD 边界的热对流。需要注意的是，式中 a 相当于图 9-5 中的 δ_y。对于单点旋转，a 通常是切削宽度（沿径向方向上）。

当边界条件比较简单时，式（9-3）可获得解析解。图 9-6 给出了针对一维情况的解，其中材料中接近热源的点被快速加热，在热源处达到其最高温度，然后保持在恒定温度。

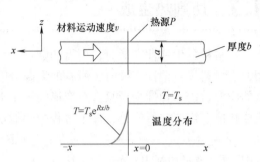

图 9-6 一维状态下快速运动材料的温度分布，其中 $T_s = P/\rho cvab$。注意 P 的单位为 W(J/s)

9.3 切削温度分布

图 9-7 所示为金属正交切削实验中确定的工件和切屑的温度分布情况。当朝向切削刀具移动的材料中的点 X 接近并穿过主变形区时，将其加热，直至离开该区域。但是，点 Y 通过两个变形区时一直被加热直到离开第二变形区。因此，最高温度出现在沿刀具表面离刀刃一定距离的地方。保留在工件中的点 Z 通过主变形区的热传导加热。一些热量也从第二变形区传导到刀具的主体。综上所述

$$P=\Phi_c+\Phi_w+\Phi_t \tag{9-4}$$

式中，P 为总产热率；Φ_c 为切屑的热传导率；Φ_w 为单位时间传导到工件的热量；Φ_t 为单位时间传递到刀具的热量。刀具表面的切屑通常流动速度比较快，因此 Φ_t 占 P 比例非常小，经常可以忽略不计（除非切削速度非常小）。

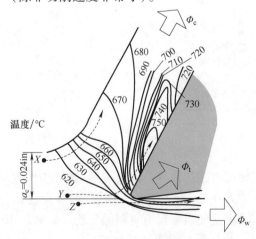

图 9-7 高速切削低碳钢时的温度分布（从红外图像获得），速度 75ft/min，切削宽度 0.25in，刀具前角 30°，工件温度 611℃

9.3.1　主变形区的温度

主变形（剪切）区的发热速率为 P_S。这些热量的一部分（Γ）传递给工件，其余的传递给切屑。因此，通过主变形区的材料的平均温度上升 T_S 为

$$T_S = \frac{(1-\Gamma)P_S}{\rho c v t a} \tag{9-5}$$

式中，t 为未变形切屑厚度；a 为切削宽度。图 9-8 所示为瑞派（Rapier）在 1954 年建立的切削加工的理想模型，该模型假定主变形区被看作一个均匀的平面热源，工件和切屑的自由面没有热量的流失，加工材料的热性能是恒定的，且与温度无关。为了求解式（9-3），韦纳在 1955 年进一步提出，在运动的方向上没有热量传导给材料，因为在这个运动方向上的热传递主要是由于高速对流。因此式（9-3）可以简化为

$$\frac{\partial^2 T}{\partial y^2} + \frac{R}{a}\frac{\partial T}{\partial x} = P \tag{9-6}$$

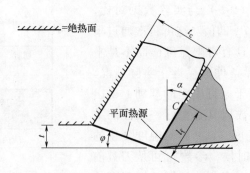

图 9-8　切削温度理论研究中的理想切削模型

在图 9-8 所示边界条件下，式（9-6）的解可以采用图 9-9 描述。与实验数据对比可以看出，该理论在 $R\tan\varphi$ 高值（即高切削速度和大进给量）上被略微低估了。在假设平面热源的理论中，热量仅能传导给工件。而实际上，热量产生在宽阔的区域，其中一部分区域延伸到工件。在高切削速度和大进给量时，这个宽发热区的影响变得越来越重要，从而可以解释理论和实验数据之间的偏差。

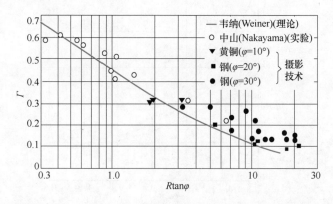

图 9-9　$R\tan\varphi$ 对切屑和工件之间的剪切区热量分配的影响

其中 Γ 为通过剪切带传导到工件的热比例；R 为热数；φ 为剪切角

9.3.2　第二变形区的温度

切屑最高温度发生在第二变形区的出口处，见图 9-8 中的点 C。由下式给出

$$T_{max} = T_0 + T_s + T_m \qquad (9\text{-}7)$$

式中，T_0 为初始工件温度；T_s 为材料通过主变形区时的温升；T_m 为材料通过第二变形区时的温升。图 9-8 还展示了瑞比提出的理想模型，该模型提出切屑和刀具摩擦而产生的热源是一个长度为 l_f 的均匀强度的平面热源，因此可得到 T_m 的值

$$T_m = 1.13 T_f \sqrt{\frac{R}{l_0}} \qquad (9\text{-}8)$$

式中，l_0 为源热长度和切屑厚度的比值（l_f/t_c）；T_f 是切屑经过第二变形区时增加的平均温度值，由下式给出

$$T_f = \frac{P_F}{\rho c v t a} \qquad (9\text{-}9)$$

瑞派（Rapier）将式（9-9）与实验数据对比，指出该理论极大地高估了 T_m 的值。这可再次通过事实来解释，即摩擦变形区具有有限宽度，而不是平面的。图 9-10 所示的边界条件更接近于实际情况。1963 年，布斯罗伊德在基于修订模型的基础上得出分析模型，得到了与实验数据具有更好一致性的结果。图 9-11 给出了区域宽度（$w_0 t_c$）对温度变化的影响。在使用这些曲线的时候，参数 l_0 可从刀具前刀面磨损痕迹推断，区域宽度可从切屑的横截面的显微照片推断出来，如图 9-12 所示。

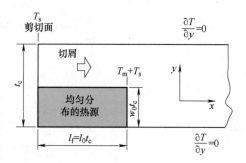

图 9-10　基于切屑修订的边界条件

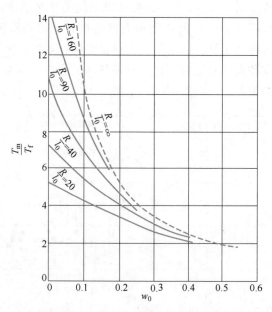

图 9-11　第二变形区对切屑温度的影响，其中 R 为热数；$l_0 t_c$ 为切屑和刀具的接触长度；T_m 为切屑的最高温升；T_f 为切屑的平均温升

穿过刀具前刀面后的切屑表面

图 9-12 切屑横截面的变形纹理图

[例 9-1]

在 22℃ 的室温下切削低碳钢时，沿刀具表面的最高温度和新的已加工表面温度可以从以下条件得出：

前角 $\alpha = 0°$

切削力 $F_P = 890N$

吃刀抗力 $F_Q = 667N$

切削速度 $v = 2m/s$

未变形切屑厚度 $t = 0.25mm$

切削宽度 $a = 2.5mm$

切屑比 $r = 0.3$

切屑和刀具面接触长度 $l_f = 0.75mm$

无润滑条件下第二变形区宽度系数 $w_0 = 0.2$

低碳钢密度 $\rho = 7200kg/m^3$

低碳钢导热系数 $k = 436W/(m \cdot K)$

低碳钢比热容 $c = 502J/(kg \cdot K)$

解

总的热功率为 $P = F_p v = 890 \times 2W = 1780W$。

在本实例中，由于前角 $\alpha = 0°$，可得 $\boldsymbol{F}_C = -\boldsymbol{F}_P \sin\alpha - \boldsymbol{F}_Q \cos\alpha = -\boldsymbol{F}_Q$。因此由于切屑和刀具之间的摩擦产生的热功率为

$$P_F = F_C v_c = F_C vr = 667 \times 2 \times 0.3W = 400W$$

从式（9-2）中，主变形区剪切产生的热功率为

$$P_S = P - P_F = 1380W$$

为了评估温升参数 T_s，从图 9-9 首先找到参数 Γ 从而查找出给出的 $R\tan\varphi$ 值，热数为 $R = \dfrac{7200 \times 502 \times 2 \times 0.0025}{436} = 41.5$

由于前角 $\alpha = 0°$，则 $\tan\varphi = \dfrac{r\cos\alpha}{1 - r\sin\alpha} = r$，因此

$$R\tan\varphi = 41.5 \times 0.3 = 12.45$$

从图 9-9 中可以看出，当 $\Gamma = 0.1$ 时，大部分热量是传递给了切屑，而不是工件。主变形区的温升可由下式得出

$$T_S = \frac{(1-\Gamma)P_S}{\rho cvta} = \frac{(1-0.1)\times 1380}{7200\times 502\times 2\times 0.00025\times 0.0025}℃ = \frac{(1-0.1)\times 1380}{4.518}℃ = 275℃$$

为了得到合理的摩擦变形区温升，这里使用图 9-11 的值替代式（9-8），得到 $w_0 =$

0.2，$\dfrac{R}{l_0} = \dfrac{R}{l_f(r/t)} = \dfrac{41.5}{0.75\times 0.3/2.5} = 461$

可以从图中看出 T_m/T_f 为 5.2，而且 $T_f = \dfrac{400}{4.518}℃ = 88.5℃$。

因此 $T_m = 5.2\times 88.5℃ = 460℃$。从式（9-7）得出前刀面最高温度为

$$T_{max} = T_0 + T_s + T_m = 22 + 275 + 460℃ = 757℃$$

已加工表面温度 T_w 为

$$T_w = 22 + \frac{\Gamma P_S}{\rho cvta} = 22 + \frac{\Gamma}{1-\Gamma}T_S = 22 + \frac{0.1}{0.9}\times 275℃ = 52.5℃$$

需要注意的是，以上计算结果是基于材料的热特性是恒定的且与温度无关的假设。实际上，许多工程材料的比热容和热导率是随温度变化的。如果要求更精确地预测切削温度，必须考虑材料的热特性与温度之间的关系。

假设切削力和切削比不随切削速度的变化而变化，可得到如图 9-13 所示的温度与切削速度之间的关系。从图可以看出，主剪切区的温度随着切削速度的提高而略微上升，最后趋向稳定；而刀具表面的最高温度随着切削速度的提高而快速升高。从中可以得出一般性结论，切削速度是影响温度的主要因数，这就是泰勒经验公式中刀具寿命主要取决于切削速度的原因。

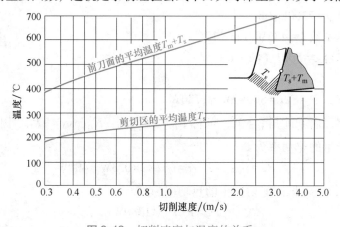

图 9-13　切削速度与温度的关系

课后习题

9.1　切削加工时，暴露的切屑表面温度和工件已加工表面温度相对容易测量，据此可以计算出面向刀具前刀面的切屑内表面的温度。在成形加工过程中，利用红外技术测得暴露

的切屑外表面温度为 275℃，工件已加工表面温度为 87.5℃。请计算切屑与刀具前角接触的内表面的最高温度。切削条件为：主切削力 2500N，切削速度 1m/s，切屑厚度 1.2mm，未变形切屑厚度 1mm，切屑宽度 2mm，初始温度 25℃，切屑和刀具面接触长度 1.8mm，工件密度 5000kg/m^3，热导率 62W/(m·K)，工件比热容 600J/(kg·K)。

9.2　材料的比切削能主要取决于材料性能，能通过切削过程中的温度分布进行确定。如，车削某材料时的温度分布如下，暴露的切屑表面温度为 342℃，切屑和刀具界面的温度为 602℃，工件已加工表面温度为 74℃，工件初始温度 22℃，请计算比切削能（单位为 N/mm^3）。已知条件如下：热导率 82W/(m·K)，密度 6900kg/m^3，比热容 480J/(kg·K)，切削速度 4.5m/s，进给量 0.2mm/r，主偏角 90°，径向切削深度 1mm，切屑厚度 0.25mm，切屑与刀具前刀面的接触长度 8mm。

9.3　用硬质合金刀具切削镁合金（密度 5800kg/m^3，比热容 105J/(kg·K)，热导率 75W/(m·K)），刀具前角 10°，主偏角 90°，切削速度 8m/s，进给量 0.15mm，切削深度 0.15mm，切屑厚度 0.45mm，暴露切屑表面温度 320℃，切屑-刀具界面最高温度 650℃。假如切削速度提高到 25m/s，切屑-刀具界面的最高温度是多少？注意：韦纳热分区的方案（图 9-9）可近似为 $\Gamma = 0.47 - 0.385\lg(R\tan\varphi)$，也可假设第二剪切区的宽度为 0，即 $w_0 = 0$。

第 10 章

机床颤振

10.1 加工动力学

在设计机床结构和规划加工工艺时必须考虑的一个重要因素是振动稳定性。在金属切削时，若刀具切入和切出工件时的振动过大，会在已加工表面产生振纹，且切削力会大幅波动，这些因素会降低刀具和机床的寿命。根据能量的来源，刀具的振动通常可以分为两类：强迫振动和自激振动。

在切削时，强迫振动与周期性的干扰力有关，这种力是由于旋转零件的不平衡、某些驱动组件的精度误差或是由多刃刀具造成的断续切削。周期性的力为强迫振动提供能量，使加工表面产生振纹。如果切削力的某谐波分量与机床重要结构件产生共振，则这种振动会非常强烈。机械设计的准则是增加机床的刚度并限制强迫振动，以满足所需的加工质量精度要求。

自激振动通常在增加材料去除率时发生，这种振动与外界激励无关，而是由切削系统自身激励产生的。此类振动通常称为颤振，它会降低机床加工精度、缩短机床和刀具的使用寿命。车削中由于颤振引起的典型的加工表面如图 10-1 所示。必须合理设置操作范围和切削条件以避免发生颤振，保证切削加工过程的稳定。

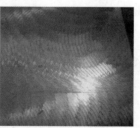

图 10-1 加工表面颤振刀痕：车削（左）和端面铣削（右）（来源：Planlauf 和 Sherline）

用直径为 10in 的 12 齿硬质合金铣刀铣削宽为 8in 的钢工件，每齿进给量 0.004in，切削深度 0.3in，主轴转速 56r/min（即每齿的工作频率为 11.2Hz）时，对卧式铣床的主轴箱进行水平测量得到的典型的力和振动曲线如图 10-2 所示。在初始切削阶段只能测得和铣刀齿切削工件频率相同的强迫振动。之后，45Hz 自激振动频率出现，振动的振幅增加较快，必须中断切削。自激振动的振幅比强迫振动的大，并且自激振动的频率也比机床的固有频率高。因为振动能量的大小取决于振动频率的平方，所以自激振动的能量也比较高。在本例中，颤振频率相对较低。通常，颤振频率在 100~300Hz 的频率范围内。

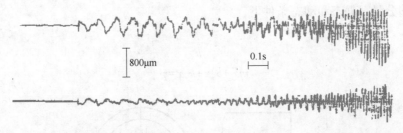

图 10-2 卧式机床平面铣削中强迫振动和自激振动的力（上）与位移（下）

本章主要分析颤振的理论和稳定性，为简单起见，仅针对单齿车削开展讨论研究。只讨论两种形式的颤振，这两种颤振都可以通过简单的线性系统理论进行分析，尽管其他非线性形式也存在，特别是考虑由于大的振幅引起的刀具和工件的不连续接触。第一种是阿诺德（Arnold）型颤振，采用第一个系统描述该类颤振的学者命名，主要是由于切削力随着切削速度变化而产生。第二种形式通常称为再生颤振，该类颤振由托比亚斯和托马斯（Tobias and Tlusty）分别独立地进行了描述。再生颤振是当刀具经过有振纹的表面时产生的，这种振纹是由于上一次切削中刀具经过某一表面时切削力的变化引起的。

所有的颤振形式都可以理解为加工过程中机床结构、床身与驱动系统之间的一个反馈环路。图 10-3 所示为反馈回路框图。在刚度和阻尼特性方面，机床的传递函数在整体反馈系统的稳定性中起着关键作用。尽管机床类型很多，甚至在同一生产线上的相邻的机床也不同，但其中一项重要指标就是机床的静态刚度的测量值，通常是在 10^5lbf/in（17.5kN/mm）量级。测量值达到 10^6lbf/in 是非常好的，若测量值在 10^4lbf/in 就比较差了，但对于某些低成本生产线上的小型机床而言，这样的值仍是可以接受的。

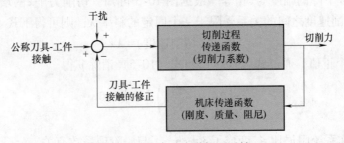

图 10-3 机床动力学闭环反馈

10.2 阿诺德型颤振

这种类型的刀具颤振发生在工件的切线方向，如图 10-4 所示。为了单独的检测这种颤振的影响，可以认为加工系统速度方向只限定在切削速度的方向。工件及其驱动系统有较高的刚度，并且以恒定的角速度旋转。刀尖在图示平面内移动，但在除了切削速度方向以外所有其他方向显示完全刚性。在这种情况下，把刀具及其支承的机构看成是一个线性弹簧质量阻尼系统。有效体系质量为 m，有效阻尼系数为 b_x，有效静态刚度为 k_x，运动方程通常写成二阶动态系统的形式。假设任意时刻的切削力均由 $\bar{p}+p$ 表示，其中 $\bar{p}$ 是稳态切削力的均值；p 是瞬时变化的切削力。并且刀具的瞬时位移由 $\bar{x}+x$ 表示，其中 $\bar{x}$ 是稳态位移均值，

x 是瞬时位移分量；静态和动态条件下，

$$\bar{x} = \frac{\bar{p}}{k_x} \tag{10-1}$$

$$m\ddot{x} + b_x\dot{x} + k_x x = p \tag{10-2}$$

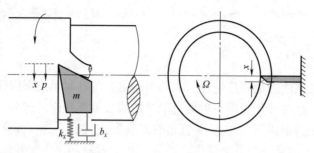

图 10-4　阿诺德型颤振

根据无阻尼固有频率 ω_x 和阻尼比 ξ_x 可得：

$$\omega_x = \sqrt{\frac{k_x}{m}} \text{ 和 } \xi_x = \frac{b_x}{2\sqrt{mk_x}} \tag{10-3}$$

式（10-2）可以重新整理为

$$\ddot{x} + 2\xi_x\omega_x\dot{x} + \omega_x^2 x = \frac{\omega_x^2}{k_x}p \tag{10-4}$$

从图 10-5 中的实验数据可知，主切削力受切削速度的影响。当刀具以速度 $\dot{x}$ 向下移动时，相对切削速度下降的幅度与 $\dot{x}$ 相等。根据图 10-5 可知，切削力随 $\dot{x}$ 的增加而增加。如果图 10-5 中力和切削速度之间的关系受限于一个固定的斜率 λ，则可得下式

$$p = -\lambda(切削速度) = \lambda\dot{x} \tag{10-5}$$

假设 λ 是一个正值。通过式（10-4）和式（10-5）消除 p 得

$$\ddot{x} + \left(2\xi_x\omega_x - \frac{\omega_x^2}{k_x}\lambda\right)\dot{x} + \omega_x^2 x = 0 \tag{10-6}$$

必须注意现在系统阻尼比 ξ_a 变成了 $\xi_x - \frac{\omega_x\lambda}{2k_x}$，与一阶项系数有关。

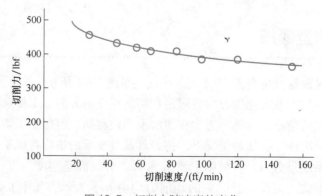

图 10-5　切削力随速度的变化

如果阻尼比小于 1，任何初始的扰动都会导致振荡，会引起刀具-工件的相对运动。

$$\left| \xi_x - \frac{\omega_x \lambda}{2k_x} \right| < 1 \Rightarrow -1 < \xi_x - \frac{\omega_x \lambda}{2k_x} < 1 \tag{10-7}$$

实际情况通常满足上述情况。由式（10-6）知，任何初始扰动开始变大并最终变成不受限制的刀具位移时，将会产生不稳定振动（颤振），当且仅当

$$\xi_x - \frac{\omega_x \lambda}{2k_x} \leqslant 0 \Rightarrow \xi_x \leqslant \frac{\omega_x \lambda}{2k_x} \tag{10-8}$$

或者将式（10-3）带入，可简化为

$$b_x \leqslant \lambda \tag{10-9}$$

实际上，不稳定的刀具运动会造成刀具在位移较大时与工件脱离，此时线性运动方程失效。非线性决定了刀具振幅的最大值。尽管 λ 是一个界面相关的量，但是式（10-9）表明，提高机床的阻尼，可以提高稳定性。

[例 10-1]

在一个无限刚度的驱动-主轴-工件组合的车削系统中，离线状态下，解释如何估计阿诺德型颤振的频率。

解

观察到的阿诺德型颤振频率（衰减的）为

$$\omega_x \sqrt{1 - \xi_a^2} = \omega_x \sqrt{1 - \left(\xi_x - \frac{\omega_x \lambda}{2k_x} \right)^2}$$

因此，离线模型测试可以与 λ 的理论知识结合使用（λ 可以通过在实验中测量不同切削速度下的力得到）。

[例 10-2]

下图显示了在车削铝合金工件时，不同切削速度下对应的切削力。根据脉冲响应测试，车刀沿工件切线方向的固有频率为 650Hz，阻尼比为 0.35。请问切削铝合金工件时，机床避免阿诺德型颤振的最小刚度是多少？

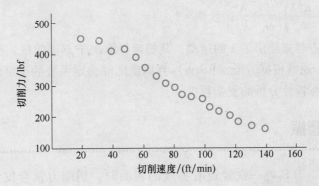

图 10-6　车削铝合金时，不同切削速度下对应的切削力

解

$$\lambda \approx 2.27\mathrm{lb} \cdot \min/\mathrm{ft} = 11.36\mathrm{lb} \cdot \mathrm{s}/\mathrm{in}$$

为了避免阿诺德型颤振

$$b_x = \frac{2\xi_x k_x}{\omega_x} > \lambda \Rightarrow \frac{2 \times 0.35 \times k_x}{650} > 11.36 \Rightarrow k_x > 10550\mathrm{lb}/\mathrm{in}$$

上面的单自由度分析假设工件-主轴组件是完全刚性的。由于驱动系统是柔性的，在记录角速度变化的时候，这个假设是不严格的。在某一时刻，工件的位置为 $\bar{\theta}+\theta$，其中 $\bar{\theta}$ 是标称位置；θ 为变化值。式（10-5）可修改为

$$p = \lambda(\dot{x} - R\dot{\theta}) \tag{10-10}$$

式中，R 是工件的平均半径。如果驱动系统连同工件的无阻尼固有频率为 ω_θ，阻尼比为 ξ_θ，且刚度为 k_θ，那么

$$\ddot{\theta} + 2\xi_\theta\omega_\theta\dot{\theta} + \omega_\theta^2\theta = \frac{\omega_\theta^2}{k_\theta}(k_e\dot{\theta} - Rp) \tag{10-11}$$

最常见的机床驱动电动机是感应电动机，它提供与主轴转速成比例的转矩。比例系数是式（10-11）中给定的 k_e。

将式（10-4）、式（10-10）及式（10-11）进行拉普拉斯变换可以得到

$$(s^2 + 2\xi_x\omega_x s + \omega_x^2)X(s) = \frac{\omega_x^2}{k_x} \cdot P(s) \tag{10-12}$$

$$P(s) = \lambda[sX(s) - Rs\Theta(s)] \tag{10-13}$$

$$(s^2 + 2\xi_\theta\omega_\theta s + \omega_\theta^2)\Theta(s) = \frac{\omega_\theta^2}{k_\theta}[k_e s\Theta(s) - RP(s)] \tag{10-14}$$

这些式共同决定了整个工件-刀具系统的动力学特性。两个自由度可以通过式（10-13）中的切削力进行耦合。从上面式中消去 $P(s)$ 和 $\Theta(s)$ 可以得到

$$(a_4 s^4 + a_3 s^3 + a_2 s^2 + a_1 s + a_0)X(s) = 0 \tag{10-15}$$

式中，$a_4 = \frac{1}{\omega_\theta^2\omega_x^2}$；$a_3 = \frac{2\xi_\theta}{\omega_\theta\omega_x^2} + \frac{2\xi_x}{\omega_\theta^2\omega_x} - \frac{k_e}{k_\theta\omega_x^2} - \frac{R^2\lambda}{k_\theta\omega_x^2} - \frac{\lambda}{\omega_\theta^2 k_x}$；$a_2 = \frac{1}{\omega_\theta^2} + \frac{1}{\omega_x^2} + \left(\frac{2\xi_\theta}{\omega_\theta} - \frac{k_e}{k_\theta} - R\frac{\lambda}{k_\theta}\right)\left(\frac{2\xi_x}{\omega_x} - \frac{\lambda}{k_\theta}\right) - \frac{\lambda R^2}{k_\theta k_x}$；$a_1 = \left(\frac{2\xi_\theta}{\omega_\theta} - \frac{k_e}{k_\theta} - \frac{R^2\lambda}{k_\theta}\right)\frac{2\xi_x}{\omega_x} - \frac{\lambda}{k_x}$；且 $a_0 = 1$。

上述四阶微分方程描绘出了 x 的运动，其稳定性取决于方程的根。在给定参数 a_1、a_2、a_3 和 a_4 的情况下，通常根据劳斯（Routh）判据就能够确定系统的稳定性。增加工件柔性，大大增加了系统动态特性分析的复杂程度。

10.3　再生颤振

加工过程中，当刀具再一次经过有振纹的表面时，切削力就会发生变化，引起（未变形）切屑厚度不均匀，这时就会产生刀具振动，即再生颤振。图 10-7 所示刀具以稳定的速度向左进给。y 方向上可以看作一个由静态刚度为 k_y 和阻尼系数为 b_y 组成的振动系

统，而其余方向均是刚性的。在任一时刻，y 方向的切削力可以表示为 $\bar{f}+f$，其中 $\bar{f}$ 是平均值；f 是变化值。同时，刀具的位移也可以以同样的方式表示为平均值 $\bar{y}$ 和变化值 y 的和。

切削过程中，公认的假设为切削力与瞬时切屑厚度成正比。以下分析均基于该假设。瞬时切屑厚度可以由刀具当前的位置和刀具上一转的位置来确定。仅考虑变化分量，切削力和位移的关系为

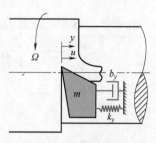

$$f=k_t\left[y\left(t-\frac{2\pi}{\Omega}\right)-y(t)\right] \tag{10-16}$$

式中，Ω 是工件的恒定角速度；k_t 通常称为切削力系数，与刚度的单位相同。

图 10-7　再生颤振

式（10-16）经过拉普拉斯变换可以得到

$$F(s)=k_t(e^{-2\pi s/\Omega}-1)Y(s) \tag{10-17}$$

与式（10-4）类似，刀具在 y 方向的运动方程为

$$\ddot{y}+2\xi_y\omega_y\dot{y}+\omega_y^2 y=\frac{\omega_y^2}{k_y}f \tag{10-18}$$

式中，$\omega_y=\sqrt{\dfrac{k_y}{m}}$；$\xi_y=\dfrac{b_y}{2\sqrt{mk_y}}$。将上述拉氏变换带入式（10-17）中，可得

$$\left\{e^{\frac{2\pi}{\Omega}s}\left[\frac{s^2}{\omega_y^2}+\frac{2\xi_y}{\omega_y}s+\left(1+\frac{k_t}{k_y}\right)\right]-\frac{k_t}{k_y}\right\}Y(s)\equiv G(s)Y(s)=0 \tag{10-19}$$

在颤振稳定性的背景下，上述方程中 $G(s)$ 的根具有非常简单的物理意义。如果 $G(s)$ 的根为纯虚数，即 $\pm j\omega$ 时，对非零的初始位移，$y(t)$ 的自由响应既不收敛也不发散。在 $\omega\neq 0$ 的情况下，自由响应就会产生振动，其频率为 ω，振幅为初始位移且保持不变。这就可以作为颤振稳定性的边界条件。在金属切削过程中，刀具的初始位移可归因于不均匀的材料特性、机器性能的变化或机床-工件界面条件的变化引起的机械扰动。除了尽力消除这些干扰源，在假设扰动始终存在的情况下避免不稳定的振动是机床设计的一项重要原则。

$H(s)$ 可表达为

$$H(s)=\frac{s^2}{\omega_y^2}+\frac{2\xi_y}{\omega_y}s+\left(1+\frac{k_t}{k_y}\right) \tag{10-20}$$

那么，颤振稳定性的边界条件就可以表达为

$$G(s)|_{s=j\omega}=0 \tag{10-21}$$

可以写为

$$\left[e^{\frac{2\pi}{\Omega}s}H(s)\right]_{s=j\omega}=\frac{k_t}{k_y} \tag{10-22}$$

当式（10-23）和式（10-25）同时满足时，式（10-22）成立。

$$\left|H(s)\right|_{s=j\omega}=\frac{k_t}{k_y} \tag{10-23}$$

$$\angle\,(H(s)\,|_{\,s=j\omega}) = \frac{\pi}{2} \tag{10-24}$$

$$\angle\,\mathrm{e}^{j2\pi\omega/\Omega} = \frac{3\pi}{2} + 2n\pi, \quad n = 0,1,2,\cdots \tag{10-25}$$

还要注意这些是颤振的充分不必要条件，由式（10-20）的定义得

$$H(s)\,|_{\,s=j\omega} = \left(1 + \frac{k_t}{k_y}\right) - \frac{\omega^2}{\omega_y^2} + j\,\frac{2\xi_y}{\omega_y}\omega \equiv \mathrm{Re} + j\mathrm{Im} \tag{10-26}$$

若式（10-24）成立，$\mathrm{Re} = 0$，它应遵循

$$\frac{\omega^2}{\omega_y^2} = 1 + \frac{k_t}{k_y} \Rightarrow \omega = \omega_y\sqrt{1 + \frac{k_t}{k_y}} \tag{10-27}$$

此外，如果式（10-23）成立

$$\mathrm{Im} = \left|\,H(s)\,|_{\,s=j\omega}\,\right| = \frac{k_t}{k_y} \tag{10-28}$$

这也表明

$$\frac{2\xi_y\omega}{\omega_y} = \frac{k_t}{k_y} \Rightarrow \omega = \left(\frac{k_t}{2\xi_y k_y}\right)\omega_y \tag{10-29}$$

将上面各式和式（10-27）结合可以得到

$$\frac{k_t}{2\xi_y k_y} = \sqrt{1 + \frac{k_t}{k_y}} \tag{10-30}$$

大多数机床 k_y 的数量级为 $10^5\,\mathrm{lb/in}$，k_t 值在 $2\times10^3 \sim 5\times10^4\,\mathrm{lb/in}$，并且 ξ_y 值大约是 $0.01 \sim 0.25$。

式（10-25）的条件应满足

$$\frac{\Omega}{\omega} = \frac{4}{3+4m}, \quad m = 0,1,2,\cdots \tag{10-31}$$

即是，如实践中发现的那样，正弦不规则工件表面相对自身做圆周运动。

稳定状态方程式（10-22）的解可用图 10-8 来表示。叶瓣图线代表稳定边界，包含颤振的阴影区域，当超过一定的切削速度范围颤振就会发生。注意式（10-23）~式（10-25）不是颤振的充分和必要条件，只能确定叶瓣上的最低点。

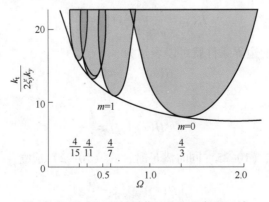

图 10-8　稳定性叶瓣图与不稳定的阴影区域

从图 10-7 可以看出，避免颤振的一个充分条件是

$$\frac{k_t}{2\xi_y k_y}<1 \tag{10-32}$$

根据阻尼比 ξ_y 和固有频率 ω_y 的基本定义可以得到

$$b_y\omega_y=2\xi_y k_y \tag{10-33}$$

结合式（10-32）和式（10-33）导出一个简单且非常实用的避免机床颤振的设计准则

$$b_y\omega_y>k_t \tag{10-34}$$

换言之，机床共振动态刚度应该始终足够大，以克服材料的剪切应力常数。

其他条件不变，增加机床的阻尼，将减小机床发生颤振的趋势，无论是对于阿诺德型颤振还是再生颤振。增加刚度会减小再生颤振发生的概率，但又可能存在由于消除连接副而导致的阻尼降低的风险。虽然增加机床刚度有利于在所有的切削条件下生产更高精度的产品，但也应该考虑如何保证有足够的阻尼。

该理论是不充分的，因为仅考虑了一种振动模态，还存在着具有相似频率的其他模态可以耦合，并且刀具有可能沿着三个正交方向运动并绕轴线转动。然而，本章所涉及的基本理论，对机械设计人员提供了明确的指导，特别是其提醒设计人员重视提高机械刚度。

[例 10-3]

通过实验模态分析得到机床沿主轴轴线方向的刚度、固有频率和阻尼比分别为 10^5lb/in、150Hz 和 0.2。如果圆柱形铝合金的允许进给量为每转 $4\times10^{-3}\text{in}$，刀具颤振可能发生的极限径向切深是多少？请注意，如果你记得（切削力 = 比切削能×切屑的横截面积）比切削能曲线是很有用的。$1\text{J}=16.2\text{lb/in}$。

解

由图 2-4 得，未变形的切屑厚度为 0.004in（0.1mm），比切削能 $u=1.2\text{GJ/m}^3=3.2\times10^5\text{lb/in}^2$。

因为 $f=ub\Delta y$ 和 $f=k_t\Delta y$（式 10-16），有 $k_t=ub$。

防止再生颤振发生的条件是 $b_y\omega_y>k_t$，此时和 $b<\dfrac{b_y\omega_y}{u}$ 相同。

注意 $b_y=\dfrac{2\xi_y k_y}{\omega_y}=\dfrac{2\times0.2\times10^5}{150}\text{lb}\cdot\text{s/in}=266.6\text{lb}\cdot\text{s/in}$。

因此 $b<\dfrac{b_y\omega_y}{u}=\dfrac{266.6\times150}{3.2\times10^5}\text{in}=0.125\text{in}$。

课后习题

10.1　通过离线冲击试验和力-位移试验，发现某车床的主要振动模态的阻尼比为 1.227，固有频率为 800Hz，刚度为 200lb/in。当在该车床上使用硬质合金刀具加工中碳钢时，观察到由于工件材料的杂质，偶尔会发生稳定的阿诺德型颤振，振动的周期约为 1.89s。如果可以提高机床刚度，消除振动所需的最小刚度应该是多少？

10.2 用前角5°的车刀车削中碳钢棒材（剪切强度 $\tau = 300\text{klbf/in}^2$）。刀具与工件之间的摩擦系数为0.25。在它的锤击响应中，机床动态特性可以由二阶系统来近似，时间常数为 7.6×10^{-4} 秒，阻尼固有频率为816.5Hz。当径向切削深度为0.1in时，为避免再生颤振，可接受的机床最小刚度应该是多少？注意 $F_{\text{P}} = \dfrac{\tau bt}{\sin\varphi}\left(\dfrac{\cos(\beta-\alpha)}{\cos(\varphi+\beta-\alpha)}\right)$。

10.3 选择一组实数并带入式（10-15），并用劳斯判据判断其动态特性。

第 **11** 章

电火花加工

前面章节中介绍的加工工艺集中在工件和楔形刀具之间的相对运动上。这些传统加工过程中的材料去除机理是沿剪切平面的塑性剪切作用。然而，这种加工过程仅在刀具材料比工件材料硬很多时才有效，工件材料在发生较大的断裂之前会产生一定的塑性变形。同时，该过程能够发生还有一个先决条件，即工件材料有较低的剪切强度，或者其耐磨性弱于刀具材料。

对于众多硬脆材料而言，如高强度耐热合金、淬火钢、纤维增强复合材料、陶瓷和金属基陶瓷复合材料，或者软弹性体和生物组织等，传统加工工艺可能不再有效适用，进而形成了通过熔化、蒸发、化学作用、电能或液压动力来去除材料的加工工艺，统称为特种加工（非传统加工或非常规加工）。这些加工工艺的特点是对工件材料的硬度、脆性或柔韧性和大变形不敏感。部分特种加工方法可以用于加工热处理后的材料，以获得工件的最后形状，在航空航天、汽车、电子产品及模具领域应用较广。还有一些特种加工方法可广泛地应用于临床医疗，如插针活检取样，穿刺针引导到达特定的部位进行治疗或放置放射性粒子，电外科切削和组织焊接。在外科手术和基于插针的微创手术中，加工是基础过程，而组织是被加工工件。

非传统加工包括电火花加工、电化学加工、化学加工、电子束加工、超声波加工、水射流加工和一些其他的加工方法。

11.1 电火花加工概述

电火花加工通过电极与工件之间产生的放电电弧将工件熔化，以去除工件材料，形成所需工件的几何形状和表面完整性。它是最早的一种特种加工工艺，在工业上广泛应用于微细加工和难加工材料加工。

1943 年，俄罗斯工程师拉扎连科夫妇（B. R. Lazarenko and N. I. Lazarenko）发明了电火花加工。他们将日常观察到的电气开关腐蚀现象应用于加工。通过控制放电间隙、使用合适的放电介质和在电极和工件之间施加一系列的电压脉冲，脉冲电能输入就能产生一系列的电火花。电火花产生的同时达到瞬间高温，去除工件材料，同时对电极也会造成损耗。

传统加工工艺依靠硬度更高的刀具产生切屑达到工件材料去除的目的。相比之下，电火花加工有几点优势。第一，电极和工件的硬度不影响可加工性。熔融是电火花加工去除材料的主要机制，工件和电极材料的熔化温度和热容量是决定材料去除率（*MRR*）的重要因素。电火花加工可以用于加工高硬度、难切削材料，如淬硬钢、硬质合金、聚晶金刚石和聚晶立方氮化硼。第二，电火花加工所产生的切削力很小。这使得电火花加工成为一种理想的微小特征加工工艺。如，直径范围 $80 \sim 200 \mu m$ 的柴油机喷油孔是采用一根细长电极丝，通过电火花加工获得。第三，电火花加工可以产生复杂和精确的几何形状。电极可以被制作成所需的形状并复映到工件上；或者，细电极丝沿轴向运动，可以将其倾斜一定的角度，切割加工出结构复杂同时几何精度高的微观特征。电火花加工已经广泛应用于汽油机、柴油机、航空涡轮叶片、发电机、精密切削和模具加工等领域。

电火花加工也存在一定局限性。电火花加工时工件材料应具有导电性。在电火花加工中，电极损耗会影响零件加工精度。电火花侵蚀总的来说是一个缓慢的过程，材料去除率相对较低。在某些特殊条件下，电火花加工可获得较高的材料去除率，如电火花高速钻孔时采用旋转管状电极，中空孔内通入高压电介质起到冲刷作用，同时使用氧气作为电介质可增强能量的产生和提高材料去除率。研究表明，非导电材料电火花加工是可行的，但材料去除率很低。电火花加工产生的高温火花同时侵蚀工件和电极，造成电极损耗。为了提高零件的精度，电火花加工通常需要进行电极磨损补偿或使用新电极来完成精加工。

11.2   电火花成形加工和电火花线切割加工

电火花加工一般可分为电火花成形加工和电火花线切割加工。电火花成形加工，如图 11-1a 所示，利用成形电极在工件产生镜像形状。对于电火花成形加工，电极被加工成所需的形状，通过火花放电将电极形状转化为工件形状。通过控制电极和工件的相对运动，电火花成形加工有多种同的方式。如通过螺纹电极的螺旋运动（旋转和平移），可加工淬火工具钢和硬质合金的内螺纹。再如采用旋转的细线电极为柴油机喷油器加工大深径比的微小孔。喷射孔的几何形状控制喷射模式，对发动机的燃油效率和排放性能至关重要。通过控制旋转管状电极的位置和方向，可以把简单几何形状电极当作立铣刀来使用，实现工件外轮廓的电火花铣削。

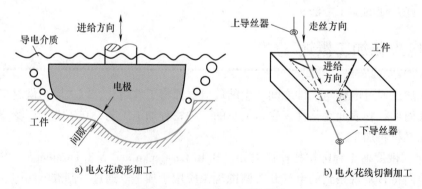

a) 电火花成形加工   b) 电火花线切割加工

图 11-1   电火花加工示意图

电火花线切割加工的电极丝在轴向方向走丝，如图 11-1b 所示。电极丝的走丝方向由金刚石制成的上、下导丝器控制，通过改变电极丝的运动方向实现复杂形状的高精度零件的加工。电压通过耐磨的硬质合金导电块传递给电极丝。电极丝很细，直径小于 $30 \mu m$ 的电极丝已被运用于微细特征的电火花线切割加工当中。

11.3　电火花加工材料去除机理和放电介质

在电极和工件之间的间隙中形成的放电火花会产生热量，并将工件熔化。如图 11-2 所示，在电火花加工中，工件通常设为阳极，电极设为阴极。这种设置通常称为正极性加工。正极性加工一般电极损耗低（阴极），材料去除率高。

在电极与工件之间施加足够的电压，当间隙小于临界值时，间隙中就会产生火花。一个正常的火花放电过程伴随着电子迁移、介质电离、电子雪崩、熔化蒸发和碎屑的产生，并产生不断扩大的气泡，气泡内压力持续升高。这些过程如图 11-2 中的阶段 1 到阶段 4 所示，称为正常放电。分散在介质中的碎屑聚集后会产生重复放电（阶段 5），过多的碎屑通过碎屑聚团和离散产生杂散放电（阶段 6）。

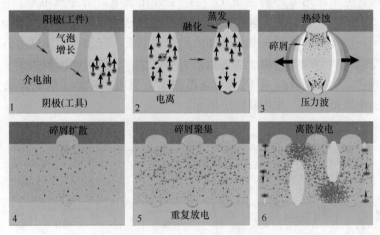

图 11-2　正极性电火花加工的间隙现象和材料去除机理

导电介质存在于电极和工件之间的间隙。电火花加工中电介质流体的机、电、热特性会影响放电形成、等离子体膨胀、材料去除、碎屑排出和放电通道重建。表 11-1 总结了电火花加工介质流体的气液相的关键特性。电介质的介电系数决定了电极与工件之间的放电间隙。介电强度定义为 $\zeta = u_s / h_g$。较高的介电强度需要较高的电压 u_s 来击穿介电质流体和减小间隙距离 h_g。介电常数决定了由电极和工件之间的重叠区域引起的杂散电容。液体电介质的大惯量和高黏度会增加气泡的膨胀力和每次放电的材料去除量，产生较高的材料去除率和较粗糙的表面。热传导率和比热容是影响熔融碎屑凝固和电极与工件表面冷却的两个重要因素。

表 11-1　在室温下液体和气体电介质的机、电、热性能

	液　体		气　体		
	去离子水	煤油/烃油	空气	氮气	氧气
介电强度 ζ/(MV/m)	13	14~22	3.0	2.8	2.6
介电常数	80	1.8	1.0	1.0	1.0
动态黏度/[g/(m·s)]	0.92	1.6	0.019	0.017	0.020

(续)

	液　体		气　体		
	去离子水	煤油/烃油	空气	氮气	氧气
热导率/[W/(m·K)]	0.61	0.15	0.026	0.025	0.026
比热容/[J/(g·K)]	4.2	2.2	1.0	1.0	0.92

11.4　电火花加工脉冲与过程监控

电火花加工过程中，电极与工件之间会产生一系列放电脉冲。如图 11-3，通过检测电极和工件之间的电压、电流信号，可将电火花脉冲分为火花放电、电弧放电和短路三部分。如图 11-3a 所示，电压达到某一特定值 V_h 后产生火花放电。击穿放电后，间隙电压下降，极间电流迅速上升到 I_h。放电后，间隙电压出现振荡，这种现象称为振铃效应，此时通常能观察到反向电流。图 11-3b 所示为电弧脉冲的电压和电流，它没有引弧延迟，因为前一个脉冲电离尚未完全结束，剩余的等离子体通道具有导电性，为放电电流提供了一条路径。峰值电压没有达到预先设定的值 V_h，但仍高于阈值的 V_1。当电极接触工件时，会发生短路。此时峰值电流处的电压低于 V_1，如图 11-3c 所示。

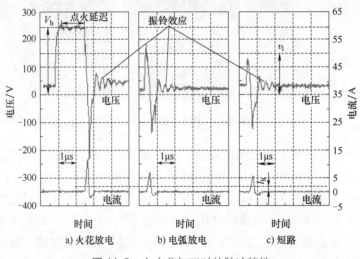

图 11-3　电火花加工时的脉冲特性

电火花加工中的电压和电流信号可用于监测电压和电流波形，并确定脉冲的类型和火花放电的频率。大多数电火花加工机床都有六个关键的工艺过程参数，如图 11-4 所示，由理想的晶体管开关电路产生的理想脉冲波形如下：

- 空载电压（u_0）：电火花加工电源处于开路状态时的电压，放电能量已经储备完毕。
- 放电电压（u_e）：放电时的电压。
- 放电电流（i_e）：放电时的电流。
- 放电延迟时间（t_d）：从电路通电开启加工电压到放电的延迟时间。
- 放电持续时间（t_e）：放电持续的时间。

● 脉冲间隔时间（t_0）：等待放电能量储备至空载电压的时间间隔。

这些参数由电火花电源、放电介质、工件或电极材料、放电间隙中的液体冲刷情况和工艺参数决定。

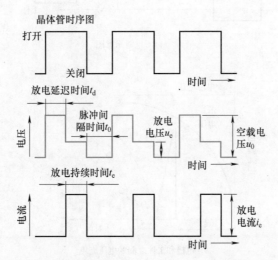

图 11-4　脉冲序列和电火花加工的六个关键参数

11.5　电火花电源

电火花电源控制加工电压和电流，启动并维持整个放电过程。电源类型主要有两种：电阻-电容（RC）电源和基于晶体管的电火花脉冲电源。

RC 电路基本上是一个电阻和一个电容组成的弛豫振荡器，如图 11-5a 所示。它是一种简单、可靠、鲁棒、低成本的电火花加工电源，可以提供非常小的脉冲能量，并广泛应用于微细电火花加工和精加工，以获得精细的加工表面。RC 电源的缺点是缺乏精确的控制，特别是时序难以准确控制和充电速度慢。图 11-5b 显示了一组 RC 电路充电放电的典型电压-时间曲线。在开始阶段，直流电源以空载电压 u_0 对电容器充电。电阻值 R（单位为 Ω）和电容值 C（单位为 F）决定了充电速率和电极与工件之间的电压

$$u_c = u_0(1 - e^{-t/RC})$$　　　　　　　　　　　　　　　　　(11-1)

式中，t 是充电时间。当 u_c 到达击穿电压值 u_s 时，就发生火花放电。每个火花放电的能量 E_d 是

$$E_d = 1/2 C u_s^2$$　　　　　　　　　　　　　　　　　(11-2)

放电电压如图 11-5b 中三角形区域所示。

充电和放电循环重复进行（图 11-5c）直到切断电源，循环频率 f_r 是

$$f_r = 1/(t_c + t_e)$$　　　　　　　　　　　　　　　　　(11-3)

式中，t_c 是充电时间；t_e 是放电时间。

对于 RC 电源，提高材料去除率的策略之一是通过减少时间常数来实现快速充电和增加放电频率。然而，在放电频率达到极限时会产生电弧放电。电弧放电会导致表面热损伤和材料去除率下降。巴拉什（Barash）的研究表明，最大的材料去除率的条件是 $u_s = 0.73 u_0$ 和 $t_e = 0.1 t_c$。此结果将应用于下面的例子。

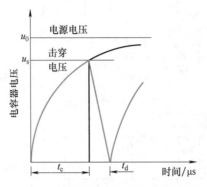

a) RC电路示意图

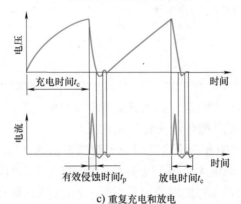

b) 电极和工件之间的电压充电

c) 重复充电和放电

图 11-5 电火花 RC 电源

[例 11-1]

电火花加工中采用 RC 电源，$u_0 = 250\text{V}$，$R = 10\Omega$，$C = 3\mu\text{F}$。在最大材料去除率条件下，计算：

（a）放电电压 u_s。

（b）充电时间 t_c。

（c）循环频率 f_r。

（d）单次放电能量 E_d。

（e）如果电介质的介质常数 $\zeta = 180\text{V}/25\mu\text{m}$，估算放电间隙。

解

（a）RC 电源电火花加工中最大的材料去除率条件是 $u_s = 0.73u_0 = 0.73 \times 250\text{V} = 182.5\text{V}$。

（b）根据式（11-1）$u_s = u_0(1-e^{-t/RC})$ 且 $u_s = 0.73u_0$。充电时间 $t_c = 39.3\mu s$（C 的单位是 μF，t_c 的单位是 μs）。

（c）最大材料去除率条件下，放电时间 $t_e = 0.1t_c = 3.93\mu s$，$t_c + t_e = 39.3 + 3.93\mu s = 43.2\mu s$，循环频率 $f_r = 1/(t_c + t_e) = 23100Hz = 23.1kHz$。

（d）根据式（11-2），单次放电能量，$E_d = \dfrac{1}{2}Cu_s^2 = 0.5 \times 3 \times 10^{-6} \times 182.5^2 J = 0.05J$。

（e）放电间隙 $h_g = u_s/\zeta = 25.3\mu m$。

电力电子技术已经革命性地改变了商业电火花电源的主流技术格局。现代电力电子技术应用金属氧化物半导体场效应晶体管（MOSFET）可以高频率开关电流和电压，已经广泛应用于商用电火花加工机床。如图 11-6 所示，晶体管电火花加工电源与传统的 RC 电源相比，具有更好的灵活性且性能更好，并具有两方面的优势。首先，与 RC 电源产生的等频率脉冲不同（图 11-7a），晶体管电源可以控制放电持续时间（图 11-7b），增强冲液和材料去除率的一致性。其次，晶体管电火花加工电源能够根据冲液清洗条件，调整脉冲间隔时间 t_0（图 11-4）。这使得电火花加工运动控制部分能够调节电极和工件之间的间隙。更长的点火延迟时间意味着电极需要行进更长的距离以启动火花放电，并且电极和工件之间的间隙更大。在实践中，电火花加工机床电极的动作控制是通过调整平均周期电压来实现的，以保持有足够的间隙距离。平均周期电压 $\bar{u}$ 定义为（图 11-4）

$$\bar{u} = \frac{u_e t_e + u_0 t_d}{t_e + t_d + t_0} \tag{11-4}$$

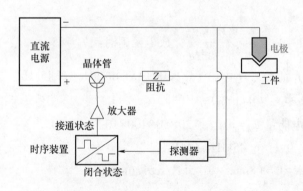

图 11-6　晶体管电火花电路示意图

占空比 DF 定义为放电时间与总时间之比

$$DF = t_e/(t_e + t_d + t_0) \tag{11-5}$$

由于 MOSFET 晶体管的高频性能，在 EDM 精加工时，基于晶体管的电火花电源的最低放电能量有限，无法产生较好的表面质量和微细特征。RC 电源在电火花精加工中性价比更高。一些电火花机床将二者结合，晶体管电源用于粗加工，RC 电源用于精加工。

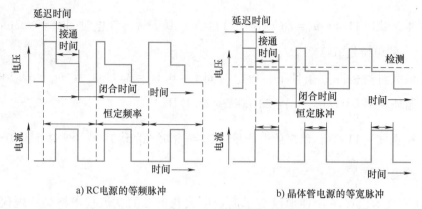

a) RC电源的等频脉冲   b) 晶体管电源的等宽脉冲

图 11-7   RC 电源与晶体管电源的比较

[例 11-2]

一台晶体管电源的电火花加工机床，如果平均电压 $\bar{u} = 25V$，放电持续时间 $t_e = 100\mu s$ 且脉冲间隔时间 $t_0 = 40\mu s$，给定放电电流 $i_e = 50A$，空载电压 $u_0 = 125V$，放电电压 $u_e = 20V$。在等脉宽电火花加工的理想情况下，计算：

（a）放电延迟时间 t_d。

（b）循环频率 f_r。

（c）占空比 DF。

（d）单脉冲平均放电能量 E_d。

（e）加工功率。

（f）材料去除率（假定材料去除体积为 $0.008 mm^3 /$ 脉冲）。

解

（a）根据式（11-4），$\bar{u} = \dfrac{u_e t_e + u_0 t_d}{t_e + t_d + t_0}$，放电延迟时间 $t_d = 15\mu s$。

（b）循环周期 $f_r = 1/(t_e + t_d + t_0) = 1/(100 + 15 + 40) kHz = 6.45 kHz$。

（c）占空比 $DF = t_e /(t_e + t_d + t_0) = 0.645$。

（d）单脉冲放电能量 $E_d = u_e i_e t_e = 20 \times 50 \times 100 \times 10^{-6} J = 0.1J$。

（e）加工功率 $= 0.1J \times 6.45 kHz = 645W$。

（f）材料去除率 $= 0.008 mm^3 \times 6.45 kHz = 51.6 mm^3 /s$。

[例 11-3]

用 RC 电源或晶体管电源加工淬火钢。假设相同的空载电压 $u_0 = 200V$，同样的循环频率和相同的单脉冲放电能量 $0.25J$，计算：

（a）RC 电源的放电时间 $t_e = 15\mu s$，计算 R 和 C 值（给定 $u_s = 0.73 u_0$ 且 $t_e = 0.1 t_c$）。

（b）晶体管电源的放电延迟时间为 $20\mu s$，占空比 $DF = 0.75$ 和放电电压 $u_e = 25V$，计算平均周期电压 u_s 和电流 i_e。

解

（a）对于 RC 电路：最大材料去除率时，$u_s = 0.73 u_0 = 146V$。

$E_d = 1/2 C u_s^2 = 0.25J$ 且 $C = 23\mu F$。

因为 $t_e = 0.1 t_c$，可得 $t_e = 15\mu s$，$t_c = 150\mu s$，根据 $u_c = u_0(1 - e^{-t/RC})$，$R = 4.98\Omega$，

循环频率 $f_r = 1/(t_c + t_e) = 1/(150 + 15)\mu s^{-1} = 6060Hz = 6.06kHz$

（b）对于晶体管电源，循环频率 f_r 跟 RC 电源相同，因此 $t_e + t_d + t_0 = 165\mu s$。

占空比 $DF = t_e/(t_e + t_d + t_0) = t_e/165 = 0.75$，$t_e = 123.8\mu s$。

因为 $t_d = 20\mu s$，$t_0 = 21.3\mu s$，单脉冲放电能量 $E_d = u_e i_e t_e = 0.25J$。

所以，$0.25 = i_e \times 25 \times 123.8 \times 10^{-6} \Rightarrow i_e = 80.8A$。

平均电压 $\bar{u} = \dfrac{u_e t_e + u_0 t_d}{t_e + t_d + t_0} = \dfrac{25 \times 123.75 + 200 \times 20}{165}V = 43.0V$。

11.6　电火花加工表面完整性

电火花加工放电过程，在非常短的持续放电时间内，通常在 $0.01 \sim 2000\mu s$ 之间，产生的热通量非常高，可达到 $10^{17} W/m^2$。放电的峰值温度可达到 10000℃ 高温，将工件和电极融化。因此，耐用的电极通常由高熔点材料制成，如石墨或钨，以减少损耗，提高寿命和电火花加工精度。

由于高温，电火花加工的工件表层下会产生金相组织变化。一般可以观察到三个区域：①重铸区；②热影响区；③过渡区。钴基硬质合金刀具材料电火花加工后的剖面如图 11-8 所示。工件表面熔化后，在放电介质的冷却作用下重新凝固，从而形成一层很薄的重铸区。重铸区下面是热影响区，由加热、冷却和熔化的重铸区材料扩散形成。以图 11-8 为例，钴黏结剂材料熔化并填充在热影响区的多孔隙中。热影响区下面是一层过渡区，原来的晶粒结构发生了改变。

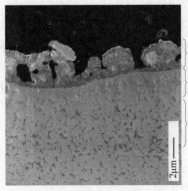

图 11-8　电火花加工的钴基硬质合金截面图

表面完整性对电火花加工零件质量非常重要。电火花加工表面的熔化过程产生的热应力会削弱晶界，降低疲劳强度。存在表面层热损伤的零件，在使用前，需要进行二次精加工。研究发现，除去重铸区和热影响区可增大工件的疲劳强度。

11.7 小结

电火花加工利用完全不同的材料去除机理，是对传统加工工艺的补充。电火花加工工艺作为微细加工基础，已得到广泛的工业应用。如，电火花加工是加工清洁燃烧内燃机的精密微喷射孔、精确几何形状的模具、螺纹模具和具有大深径比的飞机发动机散热孔的关键和有效工艺。这些案例，使用传统的加工工艺非常困难，但使用电火花加工十分便捷。

课后习题

11.1　电火花加工模具过程中，晶体管电源的单脉冲放电能量为0.1J，需要空载电压150V和放电电流25A。假设模具钢的放电电压为20V、伺服电压25V和占空比0.8，计算：

（1）放电时间 t_e。

（2）放电延迟时间 t_d。

（3）间隔时间 t_0。

（4）循环频率 f_r。

（5）电火花加工功率。

11.2　电火花RC电源加工淬火钢的微细孔，$R=20\Omega$，$C=5F$。单脉冲放电能量控制在0.025J，为获得最大去除速率，计算：

（1）电源电压应该设置多少？

（2）充电时间 t_c。

（3）循环频率 f_r。

（4）峰值电流 i_p。

（5）如果电介质的介电常数为 $8V/\mu m$，估算放电间隙。

11.3　电火花加工淬火钢，考虑采用RC电路或晶体管电路产生脉冲。在相同的条件下，电源电压为200V，单个脉冲放电能量为0.25J。

（1）如果设置放电时间均为15μs，请分别设计RC电源和晶体管电源，以获得相同的循环频率。假定加工淬硬钢的放电电压为25V，其理想的延迟时间为20μs。（提示：RC电路需要工作在最大去除率的条件下，$\ln 0.27=1.3093$）。

（2）如果材料去除率与放电电流的0.5次方成正比，请比较晶体管电源与RC电源的效率。

第 12 章

电化学加工、化学加工及化学机械抛光

电化学加工（ECM，Electrochemical Machining）是一种利用阳极电化学溶解去除材料的加工工艺。ECM 电极损耗极小，可以在高强度、耐高温的难加工材料上加工出复杂型面，如加工镍基高温合金涡轮叶片。化学加工（ChM，Chemical Machining），也称为腐蚀或化学腐蚀，是工件材料受控化学溶解的加工工艺。它是制造大型零件和集成电路（IC，Integrated Circuits）微细特征的关键加工工艺。化学机械抛光（CMP，Chemical Mechanical Polishing），也称为化学机械光整，利用了化学和机械作用的组合以抛光和光整加工表面，是集成电路制造的关键工艺。本章介绍这三种与化学作用有关的特种加工工艺。

12.1 电化学加工

电化学加工（图 12-1）利用电解过程中的电化学作用溶解工件材料。工件接阳极，工具电极接阴极，使用高电流密度、低电压的直流（DC，Direct Current）电源，工件材料在阳极溶解成金属离子，原子逐个除去。

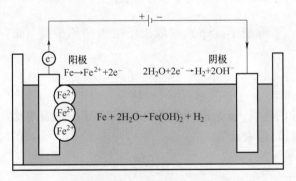

图 12-1　铁的电解过程

电解是一种化学过程，电流流经两个浸入液体溶液的铁质导体。当两个导体（或电极）之间存在电势差，铁在阳极发生溶解

$$Fe \rightarrow Fe^{2+}+2e^-$$

在阴极产生氢气和氢氧根离子

$$2H_2O+2e^- \rightarrow H_2+2OH^-$$

产物是金属离子与氢氧根离子，进而沉淀出氢氧化铁

$$Fe+2H_2O \rightarrow Fe(OH)_2+H_2$$

电解包括铁从阳极溶解和在阴极产生氢气,如图 12-1 所示。电极未发生其他反应。由于阴极上只产生氢气,因此加工过程中阴极形状保持不变。

电解是电化学加工的基本原理,可以用 1834 年首次发表的法拉第(Faraday)电解定律进行解释。1929 年,俄罗斯的研究人员古斯塞夫(Gussef)申请了采用 ECM 工艺加工金属的专利。直到 1959 年,第一个商业化的 ECM 机床才由阿诺克特工程公司(Anocut Engineering Company)研制成功。在那之后,ECM 凭借其先进性在 20 世纪 60 年代和 70 年代的工业生产中得到普及,尤其是在航空发动机和陆基发电燃气轮机产业。

在电化学加工中,工件和工具(成形模具的形式)分别为阳极和阴极。它们之间的电位差通常约为 10~20V。使用的电解质(通常是氯化钠、硝酸钠、氢氧化钠、氯化钾等溶液)可保证电解过程中阴极形状保持不变。电解质被冲入电极和工件的加工间隙,以带走积累的金属和气体等电解产物。如果积累的电解产物堆积不受控制,最终会在电极之间发生短路。

随着加工的进行,电极之间的间隙将逐渐变成一个稳定的值,同时阴极的形状将被复制在阳极上。该工艺的基本过程如图 12-2 所示。

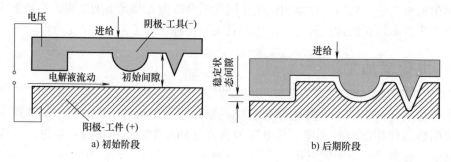

a) 初始阶段　　　　　　　　　　　b) 后期阶段

图 12-2　电化学加工工艺的工具-工件参数

法拉第定律表明,溶解速率($\dot{v}\rho$)仅取决于电极的原子量(w)、电极材料的化学价(z)和加工电流(I)

$$\dot{v}\rho = \frac{wI}{zF} \tag{12-1}$$

式中,v 是从阳极去除的体积;ρ 是阳极金属的密度;F 是法拉第常数(96500C/mol)。工件材料的电化学当量(k_e)可表示为

$$k_e = \frac{w}{zF} \tag{12-2}$$

式中,电极金属的硬度等其他特性不影响溶解速率。根据欧姆定律,电流与所施加的电压成正比。

$$I = \frac{V}{R} \tag{12-3}$$

式中,R 是导体的电阻,在电解加工中为电解液的电阻。此电阻值与阴极和阳极之间的间隙(h)成正比,与电极间的横截面面积(A)成反比

$$R = \frac{h}{kA} \tag{12-4}$$

式中，h 是电极间隙；电导率 k 是电解质的特性之一。因此，所需的电流密度（J），即单位电极面积的电流可表示为

$$J = \frac{I}{A} = \frac{kV}{h} \tag{12-5}$$

综合式（12-1）~式（12-5），体积去除速率（$\dot{v}$）可得出

$$\dot{v} = \frac{VkAw}{zh\rho F} = \frac{VkAk_e}{h\rho} \tag{12-6}$$

[例 12-1]

铁的密度 $\rho = 7800 \text{kg/m}^3$，铁的化学价 $z = 2$，原子质量 $w = 0.028 \text{kg}$。电化学加工选用的电解质的电导率 $k = 0.2 \Omega^{-1} \text{cm}^{-1}$，电极面积为 2.5cm^2，电极间隙 $h = 0.0062 \text{cm}$，电极间施加的电势 $V = 10 \text{V}$，计算预期的体积去除速率是多少？电流密度是多少？

解

$$\dot{v} = \frac{VkAw}{zh\rho F} = \frac{10 \times 0.2 \times 2.5 \times 0.028}{2 \times 0.0062 \times 7800 \times 96500} \text{m}^3/\text{s} = 1.5 \times 10^{-8} \text{m}^3/\text{s}$$

$$J = \frac{kV}{h} = \frac{0.2 \times 10}{0.0062} \text{A/cm}^2 = 322 \text{A/cm}^2$$

[例 12-2]

电化学加工 1000mm^2 表面积的钴（Co）板，欲减小 2mm 厚度。钴原子量是 58.93，密度是 0.00892g/mm^3（8920kg/m^3）。电化学加工机床提供恒定的电压为 10V，采用浓度 2mol/L、电导率 0.02S/mm 的 NaCl 电解质，加工间隙为 0.1mm。求：

（a）加工电流多大？

（b）加工时间多长？

解

（a）

$$R = \frac{h}{kA} = \frac{0.1 \times 10^{-3}}{20 \times 1000 \times 10^{-6}} \Omega = 0.005 \Omega$$

$$I = \frac{V}{R} = \frac{10}{0.005} \text{A} = 2000 \text{A}$$

（b）$Co \rightarrow Co^{2+} + 2e^-$。

$$k_e = \frac{w}{zF} = \frac{58.93}{2 \times 96500} = 3.05 \times 10^{-4}$$

去除的体积为 $2 \times 1000 = 2000 \text{mm}^3$。

$$\dot{v} = \frac{VkAk_e}{h\rho} = \frac{10 \times 0.02 \times 1000 \times 3.05 \times 10^{-4}}{0.1 \times 0.00892} \text{mm}^3/\text{s} = 68.39 \text{mm}^3/\text{s}$$

$$t = \frac{Volume}{\dot{v}} = \frac{2000}{68.39} \text{s} = 29.2 \text{s}$$

电解加工过程中，在电极间施加一个固定的电压，阴极以恒定速度向工件作进给运动。伴随着成型电极与工件之间的相对运动，工件材料溶解，电极间隙大小可以随时间变化，这

种动态关系满足

$$\dot{h}+f=\frac{wI}{z\rho FA} \quad \Rightarrow \quad \dot{h}=\frac{wJ}{z\rho F}-f \tag{12-7}$$

式中，f 是如图 12-3 所示的阴极进给速度。把式（12-5）代入到式（12-7）得出

$$\frac{\mathrm{d}h}{\mathrm{d}t}=\frac{wkV}{z\rho Fh}-f \tag{12-8}$$

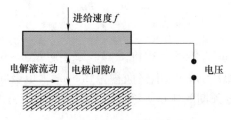

图 12-3　ECM 中的电极

对于已知的初始条件 $h(0)$，有如下两种实际案例：

案例一：无工具运动中，$f=0$，式（12-8）可用于计算间隙 $h(t)$

$$h^2(t)=h^2(0)+\frac{2wkVt}{z\rho F} \tag{12-9}$$

如图 12-4a 所示，间隙宽度随加工时间的平方根无限增加。这种情况经常用于电解去毛刺，加工时零件表面的不规则部分（毛刺）几秒内就可去除。

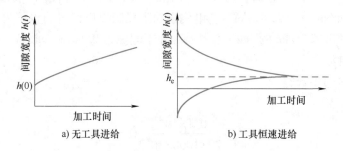

a) 无工具进给　　　　　b) 工具恒速进给

图 12-4　电解加工的两种情况

案例二：恒定进给速度 f，式（12-8）则有解

$$h(t)=h(0)-tf+h_e\ln\frac{h(0)-h_e}{h(t)-h_e} \tag{12-10}$$

式中，$h_e=\dfrac{wkV}{zF\rho f}$，对于 $h(t)$ 是稳定状态的值。

图 12-4b 给出了式（12-10）的两种解。请注意，此值独立于初始间隙宽度 $h(0)$，因此，这种工艺可以将阴极上的不规则形状复制到工件上。

[例 12-3]

假设例 12-2 的进给速度为 0.02mm/s，为达到间隙宽度稳定值的 90%，需要多长时间？

解

$$h_e = \frac{wkV}{zF\rho f} = \frac{0.028 \times 0.2 \times 10}{2 \times 96500 \times 7800 \times 0.02} \text{cm} = 0.019 \text{cm}$$

$$h(0) = 0.0062 \text{cm}, \quad h(t) = 0.9 h_e = 0.017 \text{cm}$$

根据式（12-10），有

$$0.017 = 0.0062 - (0.002)t + (0.019)\ln\frac{0.0062 - 0.019}{0.017 - 0.019}$$

然后求得时间 $t = 12.1 \text{s}$。

12.2　化学加工

　　化学加工（ChM）是一种特种加工工艺，通过较强的酸性或碱性化学试剂去控制工件材料的化学溶解，以去除工件材料。通过对工件表面涂覆掩膜材料，以保护被涂覆区域的金属不被去除，可实现选择性加工。ChM 用于加工高强度材料、大而薄的工件（如喷气式飞机的机翼）及微细结构。ChM 可以追溯至公元前 2300 年，埃及人用柠檬酸加工铜。在 20 世纪前，ChM 主要应用于装饰蚀刻和印刷。ChM 已成为半导体和微机电系统（MEMS）行业的一种关键的制造工艺，对集成电路和 MEMS 产品的产量和质量有重要影响。

　　化学加工有五个主要步骤：

　　1）工件的制备。清洗工件表面，除尘、除油和除锈，使其对掩膜材料具有良好的黏合性。这个过程可以用机械或化学方法来完成。

　　2）涂覆掩膜材料。该步骤的目的是选择性地保护工件免受化学腐蚀。掩膜材料的涂覆方法包括印刷、流动、浸渍、喷涂和旋涂。聚合物和橡胶是常用的掩膜材料。掩膜材料的选择取决于蚀刻剂和工件材料。掩模材料必须对蚀刻剂具有惰性，并能附着在工件表面。一种好的掩膜材料必须有足够的韧性，以便于操控、造型和去除。分辨率和化学加工的精度取决于掩膜材料特性。光刻胶具有最佳分辨率。切割和剥离保护层会导致分辨率降低，但可实现更大的蚀刻深度。

　　3）掩膜材料造型。若使用掩膜材料，就需要在掩膜材料上刻划出所需的造型。这种造型只暴露出将被化学加工的区域。形成造型的方法依赖于掩膜材料类型。如，一台激光切割机可用于切割和剥离保护层形成造型，光和光掩模可用于光刻胶形成造型。这种工艺也称为光刻技术，广泛应用于半导体制造中。

　　4）蚀刻。蚀刻和溶解工件的化学试剂称为蚀刻剂。将工件材料浸入蚀刻剂，未被掩膜材料覆盖的区域会出现材料去除。这种工艺通常是通过设定的材料去除率（MRR，Material Removal Rate）计算出腐蚀时间来进行控制，这将在下文进行介绍。蚀刻剂的选择取决于工件材料。两种典型的蚀刻剂是具有腐蚀性的碱性溶液和酸性溶液。除工件材料以外，掩膜材料、蚀刻深度、表面粗糙度要求、所需的 MRR、成本、环境问题和安全问题等因素，都是选择蚀刻剂的重要参考因素。表 12-1 列出了一些常见的被蚀刻材料和蚀刻剂。

表 12-1　常见的被蚀刻材料和蚀刻剂

被蚀刻材料	蚀 刻 剂
铝合金	氢氧化钠
镁合金	硫酸
钢/镍合金	盐酸、硝酸、硫酸、磷酸
钛合金	氢氟酸与硝酸或铬酸
铜合金	氯化铁

通常，化学加工是将工件浸泡在蚀刻液中实现材料去除，这种工艺被命名为"湿蚀刻"。另一方面，"干蚀刻"也可以通过离子轰击实现材料去除。离子源可以是活性气体（如氧和氟）的等离子体。相较于湿蚀刻，干刻蚀可获得更好的加工精度。

5）清洗。蚀刻后，工件需要清洗以清除蚀刻剂。然后，手工剥除或浸泡在适当的溶液中以除去掩膜材料。

化学加工的优、缺点见表 12-2。

表 12-2　化学加工的优、缺点

优 点	缺 点
<ul><li>易于减材制造</li><li>可快速、方便适应设计的更改</li><li>工装成本低</li><li>不产生毛刺</li><li>表面质量好</li><li>不受材料特性影响（如硬度）</li><li>设备成本低（不包括光刻）</li></ul>	<ul><li>难以加工尖角</li><li>难以加工厚的材料（最大加工厚度约 10mm）</li><li>蚀刻剂对工人健康有危害</li><li>蚀刻处理非常昂贵且不环保</li></ul>

化学加工的材料去除率通常采用化学蚀刻速率 v_{ch}（mm/s，或类似单位）来表示。已知工件材料和蚀刻剂，v_{ch} 可估算为

$$v_{ch} = \frac{10^{-6} E_{ch} D_{ch} M_w}{\rho_w N_{ch} \delta}$$

（12-11）

式中，E_{ch} 为化学蚀刻剂浓度（单位为 mol/L）；D_{ch} 为蚀刻剂在溶液中的扩散系数（单位为 mm^2/s）；M_w 为工件材料的分子量；N_{ch} 为溶解一个工件分子用到的蚀刻剂分子的数量；ρ_w 为工件材料密度（单位为 g/mm^3）；δ 为扩散层的厚度（单位为 mm）。

化学加工一般是控制加工时间。通过计算 v_{ch} 和需去除的厚度，就可以确定所需的加工时间。

[例 12-4]

在半导体生产过程中，氟化氢（HF）被用来蚀刻深度为 $50\mu m$ 的二氧化硅层。给定氧化物湿蚀刻的化学反应式

$$SiO_2 + 6HF \rightarrow H_2SiF_6 + 2H_2O$$

氟化氢（HF）的浓度为 7mol/L。

SiO_2，其分子量为 60g/mol，密度 ρ_w 为 $2.634 \times 10^{-3} g/mm^3$。扩散层的厚度 δ 为 0.4mm，扩散系数 D_{ch} 为 $0.01mm^2/s$。

估算这个过程的蚀刻时间。假设没有欠切。

解

已知 $N_{ch} = 6$，$E_{ch} = 7\,mol/L$，$M_w = 60\,g/mol$，$\rho_w = 2.643 \times 10^{-3}\,g/mm^3$，$\delta = 0.4\,mm$，且 $D_{ch} = 0.01\,mm^2/s$。

$$v_{ch} = \frac{10^{-6} E_{ch} D_{ch} M_w}{\rho_w N_{ch} \delta} = \frac{10^{-6} \times 7 \times 0.01 \times 60}{2.643 \times 10^{-3} \times 6 \times 0.4}\,mm/s = 6.62 \times 10^{-4}\,mm/s$$

$$t = \frac{Depth}{v_{ch}} = \frac{50 \times 10^{-3}}{6.62 \times 10^{-4}}\,s = 75.5\,s$$

12.3 化学机械抛光

化学机械抛光（CMP）是结合化学和机械作用对工件表面进行抛光和光整。随着 IC 制造中特征尺寸的减小，化学机械抛光成为精准生产集成电路的关键工艺。目前，化学机械抛光是唯一可以对晶片表面的局部和全局进行光整的技术。

如图 12-5 所示为化学机械抛光过程的原理图。晶圆表面被放置在固定于压盘的抛光盘上。抛光盘上有抛光液，并对晶片表面起支撑和抛光作用。抛光液通过管道供给，随着压盘旋转，抛光液被输送到抛光盘和晶片之间。如图 12-6 所示，抛光液与晶片产生化学反应，形成容易去除的活性层，这是化学机械抛光中的化学反应。抛光液中混入的抛光磨料会引起晶片表面的机械损伤，导致化学腐蚀增强和工件材料疏松，或把表面压裂成小块混入抛光液中，然后被溶解或冲走。这种工艺专为增大工件表面较高点的材料去除率（相对较低点）而设计，从而可有效地光整表面。注意，单靠化学方法实现不了表面光整，因为大多数化学反应都是各向同性的。理论上，单纯的机械抛光虽可获得理想的平坦表面，但由于会造成材料表面大量的损伤（如宏观划痕），所以实际加工中效果并不理想。

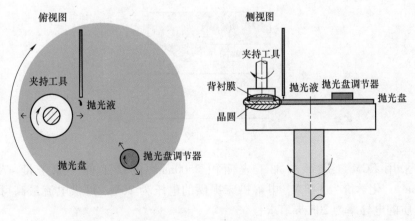

图 12-5 化学机械抛光示意图

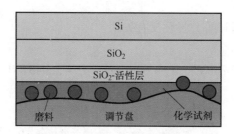

图 12-6　化学机械抛光材料去除过程

化学机械抛光有三个主要组成部件：

1）晶圆。晶圆表面被抛光。

2）抛光盘。传递机械力到被抛光表面的关键部件。

3）抛光液。抛光液提供化学和机械作用。

评价化学机械抛光性能的指标很多，工业上常用的指标有：晶圆内非均匀性（WIWNU，Within-Wafer-Non-Uniformity）、晶圆间非均匀性（WTWNU，Wafer-To-Wafer-Non-Uniformity）、材料去除率和缺陷数等。

普雷斯顿方程 $MRR = K_p P^a V^b$ 是最早也是最常计算 CMP 材料去除率的公式。它是一个经验方程，平均材料去除率与施加的正压力和晶圆相对抛光盘速度的乘积成线性比例。然而，在实际应用中，材料去除率和正压力之间的关系通常是非线性的。所以，后来的研究提出了一些非线性模型，如 $MRR = K_p (PV)^{1/2}$ 和 $MRR = K_p P^{2/3} V$，以及其他考虑磨料粒度、抛光盘表面粗糙度等抛光条件的模型。

课后习题

12.1　对于下图中给出的电解加工过程，当阴极的基准面相对工件尖端约 1mm 间隙即达到稳定状态，求达到稳定状态所需的最短时间。已知：$w = 0.028\text{kg}$，$\rho = 7800\text{kg/m}^3$，电导率为 $0.3\Omega^{-1}\text{cm}^{-1}$，基准面与工件之间的初始电极间隙为 2mm，施加的电势为 15V。假设进给速度恒定。

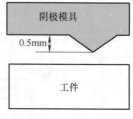

图 12-7　题 12.1 图

12.2　采用 ECM 工艺减材加工表面积 2500mm^2 的钛工件（原子量 47.9g，密度 0.00452g/mm^3，化学价为 3 价）。电解机床提供的电压为 20V，可供电流最高可达 5000A。使用的电解质的电导率为 20S/m。求：

求：（1）可能的最小电极间隙是多少？

（2）减重 50g 需要多长时间？

第 **13** 章

激光和电子束加工

本章将介绍两种特种加工工艺：激光加工和电子束加工。这两种加工工艺将激光和电子束作为能量来源，利用热能使材料熔融、蒸发，以达到去除材料的目的。激光加工的另一种机制是利用光子或电子与工件之间发生的化学反应来去除材料。在进行精密微细加工时，为达到精确的尺寸和所需的表面完整性，考虑化学反应的影响是至关重要的。激光和电子束加工工艺的应用范围非常广泛，可以对硬质合金或软聚合物进行大型切割或微孔钻削。

13.1 激光加工

13.1.1 历史和概述

1957 年，古尔德·戈登（Gordon Gould）发明了激光（Laser），Laser 是 Light Amplification by Stimulated Emission of Radiation 的缩写，意即"受激辐射的光放大"。激光具有相干性好、单色性好、方向性好的优点，并可以聚集到一个很小的区域产生用于加工的高密度能量。为了使激光束获得有效的能量密度，时间和空间相干性是必需的。时间相干性意味着具有高度平行度的激光波长；空间相干性意味着激光能聚焦成低发散的窄光束。可用于加工的能量密度通过聚焦实现，从而达到足够高的功率密度来加工工件材料。

激光加工（LBM）可同时用于切割和加工硬质和软质材料，无论其机械物理特性如何。CO_2 激光是激光加工中一种传统并且常见的能量来源。对于一些高热导率的材料，如铝、铜、银和金等，由于散热快并且会反射光线，LBM 应用存在一定的局限性。对这些材料，在进行氧化或增加表面粗糙度值处理后，可采用钇铝石榴石（YAG）激光进行加工。由于发出的波长较短，YAG 激光有时优于 CO_2 激光。但较高的使用成本及较低能量利用率（$\eta = 1\%$）限制了 LBM 相对于其他特种加工技术竞争力。

激光和 LBM 的简要发展历程见表 13-1。

表 13-1 **激光和 LBM 发展史**

年　　度	事　　件
1957	古尔德·戈登发明了现代激光
1960	红宝石激光器、氦氖气体激光器

（续）

年　度	事　件
1962	钇铝石榴石（YAG）激光
1963	光纤激光器
1964	CO_2 激光和掺钕钇铝石榴石（Nd:YAG）激光
1965	固体激光器、化学激光器、微孔 LBM
1966	染料激光器
1968	激光在医学中的应用（眼科手术）
20 世纪 70 年代	在工业上应用于焊接
1975	KrF、XeF、XeCl 准分子激光器
1982	短脉冲紫外激光聚合物
1986	准分子激光微加工

　　如前所述，激光束具有高度平行的单色波长，不同波长的激光可以从不同的激光介质中激发。图 13-1 所示为激光加工中常用的波长，范围从可见光到不可见光。

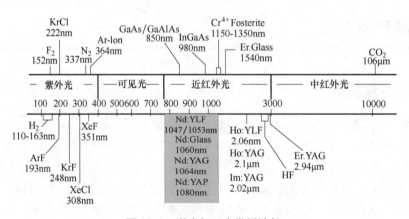

图 13-1　激光加工中常用波长

13.1.2　激光加工的分类

　　激光束有两种输出模式：连续波（CW）模式和脉冲（P）模式。一般而言，连续波模式用于需要不间断提供能源的加工，如焊接、钎焊和表面硬化等。受控脉冲模式多用于切割、钻孔、打标等，加工中尽量减小热影响区（HAZ），力求减小热变形。脉冲模式可根据脉冲持续时间定义 10^{-6} s、10^{-9} s、10^{-12} s、10^{-15} s 和 10^{-18} s 范围内分别为微秒激光、纳秒激光、皮秒激光、飞秒激光和阿秒激光。

　　激光也可以根据其激光介质分类，三大类介质有固体、气体、半导体，其他介质有化学的、有机染料、金属蒸气和拉曼散射等。激光介质决定了激光的波长，表 13-2 列出了一些典型的激光介质及其相应的激光波长。固体激光器通常用于低脉冲频率的脉冲模式（每秒 1~2 个脉冲）。除了采用激光介质外，光纤激光还可以采用细长光纤作为工作介质。光纤激光器结构紧凑，具有较高的功率，可直接用于光学聚焦元件。

表 13-2　激光介质

类　别	激光介质	波长 λ/nm
固体	红宝石	694.3
	Nd:YAG（掺钕钇铝石榴石，$Y_3Al_5O_{12}$）	1064
	钕玻璃（由 2%~6%钕掺杂的玻璃杆）	1054~1062
气体	CO_2	10600
	准分子　F_2	157
	ArF	193
	KrCl	222
	KrF	248
	XeCl	308
	XeF	351
半导体	GaAs（砷化镓）	840
	GaN（氮化镓）	405
	InGaAs（铟镓砷）	980

CO_2 是大功率激光器常用的激光光源。CO_2 激光器采用 CO_2 作为激光介质，其特点是红外区域的波长长达 10600nm。此外混合气体（CO_2：N_2：He = 0.8：1：7）也常用作激光介质，其中氦气作为气腔的冷却剂。CO_2 激光器在大多数使用气体射流辅助的金属上都能产生最高的深径比。CO_2 激光器体积庞大，但效率高，输出功率相对泵浦功率可以高达 20%。有两种 CO_2 激光器：一种是轴向流动的 CO_2 激光器，在 CW 模式和 P 模式下都可以工作；另一种是横向流动的 CO_2 激光器，只能在 CW 模式下工作，用于需要高功率输出时。CW 模式的 CO_2 激光的功率范围从 mW 到 GW，应用领域非常广泛，如工业中用于雕刻、机械加工、焊接，在医疗中用于皮肤磨削术等。作为生物组织主要成分的水，能很好地吸收 CO_2 激光，所以它非常适合应用到外科手术中。

Nd:YAG 激光是一种在工业和医疗中常见的激光介质，它是加入了 1%钕的 YAG 单晶体，可以在 CW 模式或 P 模式下工作。Nd:YAG 激光具有较高的效率和脉冲频率。在制造业中，Nd:YAG 激光器的功率范围通常在 1~5kW，用于切割、焊接、雕刻及金属和塑料打标。在医学上，Nd:YAG 激光常用于软组织（头发、皮肤、前列腺等）切除、眼科手术（如白内障切除术）和激光热疗。

准分子激光（Excimer），Excimer 是 Excited Dimmer 的缩写，意即"受激的调光器"。由高速电子在一种由卤素气体组（F、H、Cl）和稀有气体组（Ar、Kr、Xe）组成的两相高压气体的混合气体中放电而产生光束。受激准分子激光的波长为 157~351nm，这个波长处于紫外区域的光谱。准分子激光的波长取决于双气相的混合气体。准分子激光器具有短波长和高光子能量。它们采用光化学方法去除或烧蚀材料（而不是热熔化或汽化），所以应用在塑料和生物组织的微细加工中，具有非常高的效率和精度。常见于半导体高分辨率光刻（如深紫外 KrF 和 ArF）、眼科［如眼科准分子激光原位角膜磨镶术（LASIK）］，以及去除外周动脉血管内斑块（如采用 XeCl 的激光旋切术）。

表 13-3 总结了工业上常用激光器的主要特点。

表 13-3 工业激光器的主要特点

激光类型	模 式	光束特性			评 价
		W_{av}/W	$f_r/(p/s)$	$d_f/\mu m$	
CO$_2$	P	250~5000	400	75	效率高、体积大
	CW	100~2000	—	75	
	CW（横向）	2500~15000	—	75	
Nd:YAG	P	100~500	1~10000	13	体积小、经济型
	CW	10~800	—	13	
钕玻璃	P	1~2	0.2	25	价格昂贵
准分子激光	P	~100	10~500	—	用于微加工、塑料陶瓷加工

注：W_{av} 为平均功率，f_r 为脉冲频率，d_f 为焦点直径。

13.1.3 LBM 的工作原理及过程

LBM 去除材料的机理可以根据其与工件相互作用的过程及激光束的波长来分类。激光束与工件材料之间的相互作用，既有化学反应，又有热作用。在激光加工中，激光束与工件材料的相互作用有几种形式：反射、吸收，以及吸热后的热传导及随后的材料融化和蒸发。未反射的光被吸收，从而加热工件表面，当热量足够多时，工件材料开始熔化并蒸发。激光加工的物理过程很复杂，包含激光光线的散射和反射，以及在激光器表面的蒸气与光的相互干涉。此外，热扩散到基体材料后，会导致材料相变、熔化或汽化。依据能量密度和电子作用时间的不同，激光加工的机理由热吸收和热传导变化为熔化，最后到蒸发。高强度的激光束效果可能并不好，这是因为它们在材料的表面或附近可以形成一个等离子薹状团，引发激光吸收和散射损失，导致随后的加工效率降低。

基于热效应的激光加工是通过熔化和汽化而达到材料去除的目的。该作用机理主要用于切割、钻孔、焊接及表面硬化。材料去除速率取决于工件特性（如厚度、表面粗糙度和纹理取向等）和材料特性（如热导率、比热容、产生熔化和汽化的潜热和表面反射率等）。当能量密度达到阈值（通常超过 $10^6 W/cm^2$），表面蒸发的材料将成为高密度等离子体，从而导致激光束减少吸收，这就是所谓的等离子体屏蔽效应。采用切削（而非热）方式去除材料的超短脉冲激光器，如飞秒激光，有可能避免等离子体屏蔽效应。

在基于化学效应的激光加工中，当材料的分子键能低于光束的光子能量时，分子之间的化学键将解离和被打断，从而实现材料的去除。光束的光子能量与其波长成反比，波长越短，光子能量越大。在基于化学效应的 LBM 中有三个步骤：首先，吸收超短波光子到工件表面；其次，分子间的化学键断裂；最后，反应的产物变成气体或小颗粒灰烬逸出。如氟准分子激光器，是一种超短波长（$\lambda = 157nm$）的激光器，它的光子能量高达 7.43eV（$1eV = 1.6 \times 10^{-19}$J）。大多数塑料的化学键能量范围在 $1.8 \sim 7eV$，准分子激光器光子能量高于其化学键能量，因此该激光器可以对塑料和聚四氟乙烯进行化学加工。另一方面，CO$_2$ 激光器使用的是波长长（$\lambda = 10600nm$）且光子能量低（0.12eV）的红外（IR）激光，因此，CO$_2$ 激光不能用于光化学反应加工塑料，但可以用于光热效应加工。

激光加工设备的三个核心部件分别是：①激光材料及其波长；②能激发激光材料原子到

达更高能级的泵浦能源；③能引导激光束的棱镜系统。棱镜系统中的一个镜片是全反射镜，而另一个是半透明镜，以引导激光输出（输出镜）。该镜片允许辐射光束或穿出激光材料或在激光材料内往复反射。

激光加工常见的工业应用是钻孔。CO_2 激光器和 Nd:YAG 激光器常用 CW 模式和 P 模式两种模式。激光钻孔既可以采用脉冲打孔也可以采用环切来实现。脉冲打孔通常使用脉冲 Nd:YAG 激光器，因为它具有较高的脉冲能量。环切一般用于加工大孔（大于 1mm）或小型精密孔，如柴油发动机的燃料喷油嘴。激光切割可以采用 CW 模式或 P 模式。CO_2 和 Nd:YAG 是激光切割中常用的两种激光器。选用 CO_2 激光器时，CW 模式多用于加工较厚的金属截面，而 P 模式多用于加工较薄的金属截面。CO_2 激光器由于加工效率高，所以被广泛使用。Nd:YAG 激光器在 P 模式下用于加工高温合金的较厚截面。

气体经常被用于辅助激光加工以提高加工速度或改善表面粗糙度。辅助气体采用空气、氧气或惰性气体（如 N_2、Ar 或 He）通过同轴喷嘴连续流出。氧气能促进放热反应，为切割加工提供更高的能效，从而提高加工效率。使用惰性气体，可以防止塑料和其他有机材料炭化，或促进形成一个高质量无氧化的切割表面。这种无氧化边缘可以提高可焊性和零件质量。压缩气体（具有约 1~3 个大气压的 O_2 和 2~6 个大气压的惰性气体压力）能帮助熔融金属和蒸气从 LBM 区排出。气体选择取决于工件材料、厚度和切割形式。

LBM 是一种重要的微细加工工艺。它有两种方式：直接写入和掩模保护。对于直接写入，激光束逐层移动，"写"所需的图案，而不使用掩模。它可以实现高分辨率，但加工效率低，一般使用小功率激光器，能精确对焦。对于掩模保护，激光束穿过掩模和投影透镜，在工件上加工出掩模的微型轮廓。加工边缘的质量依赖于光学投影系统的分辨率。这种方式在大规模生产时非常有效，尤其是在半导体工业中。另外，还有一种通过工件与掩模直接接触的接触掩模写入方式，将掩模的轮廓复制到工件上，这种方式使用简单、快速，可实现 $10\mu m$ 或更小的分辨率。接触掩模写入方式的缺点是，由于掩模与工件接触，会对工件造成损伤，特别是对工件的边缘及被暴露的与工件处于相同能级的掩模。

13.1.4　LBM 的能量密度

图 13-2 所示为一个基于热效应激光的脉冲打孔模型。LBM 的输入被聚焦转化为热能以使得工件材料蒸发。光斑直径大小为

$$d_s = F_1\theta \tag{13-1}$$

式中，F_1 是透镜的焦距；θ 是光束发散角（单位为 rad）。

焦点处的激光束面积 A_s 为

$$A_s = \frac{\pi}{4}(F_1\theta)^2 \tag{13-2}$$

激光束的功率 L_p 为

$$L_p = \frac{E_s}{\Delta t} \tag{13-3}$$

式中，E_s 为激光能量（单位为 J）；Δt 为激光脉冲持续时间。

激光束的功率密度 P_d（单位为 W/mm^2）为

$$P_d = \frac{L_p}{A_s} = \frac{4L_p}{\pi(F_1\theta)^2} \tag{13-4}$$

当光束的能量密度大于通过热传导、对流和辐射而损失的能量，就可以进行激光加工。

打孔进给速率 f（单位为 mm/s）为

$$f = \frac{C_1 L_p}{E_v A_s} = \frac{C_1 P_d}{E_v} \tag{13-5}$$

式中，C_1 是一个常数，取决于材料和转换效率；E_v 是工件材料汽化的能量（单位为 J/mm³）。

材料去除率（MRR）为

$$MRR = fA_s = \frac{C_1 L_p}{E_v} \tag{13-6}$$

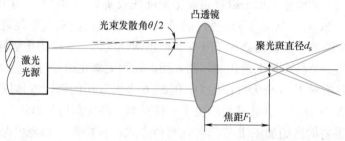

图 13-2　激光束聚焦

[例 13-1]

采用脉冲激光加工微孔。激光器产生的脉冲能量为 1J，持续时间为 0.001s。激光的光束发散角为 0.002rad，激光束采用焦距 25mm 镜头聚焦，材料的汽化能量为 32J/mm³。假定输入能量转换为材料去除热能的效率为 0.5%，那么微孔的直径是多少？如果激光脉冲的占空比为 25%，那加工速率 f（单位为 mm/s）是多少？

解

光斑直径 d_s 为

$$d_s = F_1\theta = 25 \times 0.002\text{mm} = 0.05\text{mm}$$

激光束功率 L_p 为

$$L_p = \frac{E_s}{\Delta t} = \frac{1}{1 \times 10^{-3}}\text{W} = 1\text{kW}$$

激光束能量密度 P_d 为

$$P_d = \frac{L_p}{A_s} = \frac{4L_p}{\pi(F_1\theta)^2} = \frac{4 \times 1}{\pi \times (0.05)^2}\text{kW/mm}^2 = 509.3\text{kW/mm}^2$$

加工速率 f 为

$$f = \frac{C_1 P_d}{E_v} = \frac{0.005 \times 509.3 \times 10^3}{32}\text{mm/s} = 79.58\text{mm/s}$$

由于 25% 的占空比，加工速率为

$$f_{25\%} = 79.58 \times 0.25\text{mm/s} = 19.9\text{mm/s}$$

[例 13-2]

由于等离子体屏蔽效应，激光的吸收率会降低。给定例 13-1 所用激光器（每脉冲 1J，0.001s 脉冲持续时间，25% 的占空比和 25mm 焦距的镜头），开展实验研究等离子体屏蔽效应，比较在汽化能量为 45J/mm³ 的钛工件上加工深为 2.5mm 和 5mm 的孔所需的时间。结果发现，加工 2.5mm 和 5mm 的孔深所用时间分别为 0.15s 和 0.37s，问每个孔的能量转换效率是多少？假设该孔有恒定的直径。

解

激光束的功率为

$$L_p = \frac{E_s}{\Delta t} = \frac{1}{1 \times 10^{-3}} W = 1000 W$$

对于 2.5mm 的孔深，总的输入能量为

$$L_p \times 时间 \times 占空比 = 1000 \times 0.15 \times 25\% J = 37.5 J$$

蒸发掉相当于孔体积的钛所需能量为

$$E_v \times \frac{1}{4} \pi (F_l \theta)^2 \times 深度 = 45 \times \frac{1}{4} \pi \times (25 \times 0.002)^2 \times 2.5 J = 0.22 J$$

转换效率 η 为

$$\eta = \frac{0.22}{37.5} = 0.59\%$$

对于 5mm 的孔深，总的输入能量为

$$L_p \times 时间 \times 占空比 = 1000 \times 0.37 \times 25\% J = 92.5 J$$

蒸发掉相当于孔体积的钛所需能量为

$$E_v \times \frac{1}{4} \pi (F_l \theta)^2 \times 深度 = 45 \times \frac{1}{4} \pi \times (25 \times 0.002)^2 \times 5 J = 0.44 J$$

转换效率 η 为

$$\eta = \frac{0.44}{92.5} = 0.48\%$$

综上所述，激光加工是一种利用光作为能量来源以去除材料的加工工艺，广泛应用于焊接、机械加工、能源、医疗等各领域。激光加工可加工工件尺寸从宏观到微观，甚至可达纳米级别。表 13-4 总结了 LBM 的优点及局限性。

表 13-4　激光加工的优点和局限性

优　　点	局　限　性
• 能够加工各种金属和非金属材料 • 机械作用力小，工件变形小 • 没有衍射，能够同时工作于不同的工作站点 • 对于难加工材料和耐火材料产生很小的特性改变 • 能够控制光束特性以适应特定的加工需求 • 不需要像电子束加工耗时地抽真空	• 设备成本高 • 存在职业安全问题，尤其对于工人眼睛不利 • 尺寸、形状精度和表面质量受限 • 难以控制盲孔的加工深度 • 不能加工圆锥孔 • 加工效率低（η 通常小于 1%） • 难以避免焊缝热影响区的形成 • 需要去除重铸层

13.2 电子束加工

电子束加工（EBM）的基本原理是由电子束产生的热能使工件材料熔化并蒸发，其发展历程见表 13-5。此过程在一个可控的真空腔（$10^{-4} \sim 10^{-1}$Pa）内产生电子束，类似于一个阴极射线管（CRT）。如图 13-3 所示为一个阴极射线管，通常是钨丝被加热到 $2500 \sim 3000$℃以发射出电子，经高压（$50 \sim 200$kV 的量级）加速到光速的 $50\% \sim 80\%$，并聚焦成一个能量密度超过 $1 \sim 2$MW/mm^2，直径 $0.25 \sim 1$mm 的电子束。考虑工件的影响，电子动能以高能量转换效率（接近 70%）转化为热能，足以克服工件的潜热，使其局部熔化并汽化。由于电子束加工具有高能量的特性，该工艺几乎可以加工所有的工程材料。

为了控制热影响区，工件非加工区域采用脉冲电子束来降低温度。脉冲频率通常低于 10^4Hz，脉冲宽度一般为 $0.05 \sim 100$ms，这样产生的热影响区很窄，因此可形成深径比高达 15 的小而深的加工腔。若工件包围在高真空中，可实现深层穿透，但从生产率角度来说，需要花费时间去抽真空是一个不利因素。由于电子束可采用电磁线圈偏转，因此 EBM 能以高度自动化的方式加工复杂的图案。

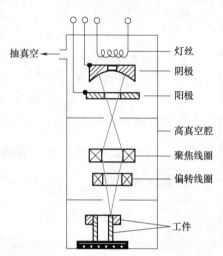

图 13-3　电子束加工中获得高能量密度

表 13-5　**电子束加工的发展历程**

时　间	事　件
1858	从辉光中发现电子
1885	从 X 射线中发现电子
1938	电子束加工应用于熔化或汽化材料
1950	以 10^8W/cm^2 的高强度在工业中应用
1958	施泰格瓦尔德设计了电子束加工设备样机，德国格里斯海姆生产并应用于焊接
1959	应用于微机械加工中
1967	电子束扫描加工
1975	电子束光刻辅助制造

EBM 的加工系统由以下四部分组成：

1）电子枪。这是一个高达 120kV 的高电压源，在此电压下，可以使电子从阴极（加热的钨灯丝）加速到达中空的阳极，并在真空中继续向工件运动。位于阴极和阳极之间的偏置杯是一个网格系统，它能通过控制电子的数量来控制电子束电流（$1 \sim 80$mA），还可以作为电子束产生脉冲的开关。

2）真空腔。电子束和工件被封闭在真空腔中，以防止灯丝和其他元素的氧化，也可避免电子与空气（氧气和氮气）中的大量分子碰撞而损失动能，还可以避免产生的金属蒸气和碎片所带来的污染。装卸工件需要花费一些时间,抽真空以创造 EBM 所需的真空环境也要消耗一些能量。

3)磁力透镜。它可以聚焦电子束在一个直径范围为 $12 \sim 25 \mu m$ 的光斑上,电子束方向的控制是以洛伦兹力定律为依据的

$$F = q[E + (v \times B)] \tag{13-7}$$

式中,F 为洛伦兹力;E 和 B 分别为电场强度和磁场强度;v 为带电粒子的速度。这与 CRT 电视机的原理相同。

4)偏转线圈。它可以在小角度范围内偏转电子束以扩大加工范围,使电子束的速度和循环有损失。通过电子束偏转,可以加工特定的形状和结构。

关于 EBM 性能的关键参数包括:工件的热性能(如热导率、比热容和熔点等)、加速电压(单位为 kV)、电子束电流(单位为 mA)、脉冲能量、脉冲持续时间、脉冲频率、电子斑直径和工件的移动速度。与 LBM 相似,主要的区别是需要真空腔来承载工件和电子束源。

EBM 广泛应用于孔加工、焊接和抛光等。表 13-6 列出了 EBM 的优点和局限性。先进的 EBM 系统可以实现电子束和工件同步运动的扫描钻孔。当工件顺序移动时,可通过光束偏转来实现移动钻孔,该工艺称为实时钻孔。对于复杂形状的钻孔,可采用多轴操纵器,工件装在卡盘上,由计算机数控系统控制轴的运动。此时,轴承必须严格密封,以免受到金属蒸气和钻屑进入造成损伤。

表 13-6　EBM 的优点和局限性

优　点	局　限　性
• 可加工具有任何力学性能的材料 • 在高速加工上比 EDM 和 ECM 更经济,如在高速钻削细小孔上可达 4000 孔/s • 精度高,可达±0.1mm;可重复性好,孔径在±5% • 易于加工锐角结构特性 • 表面粗糙度较好 • 自动化程度高,效率高	• 设备昂贵 • 设置真空环境耗时长 • 存在薄的重铸层和热影响区 • 需要辅助背衬材料

对电子发射效应的定量测量常采用发射电流密度(J_e,单位为 A/mm^2)来衡量,它受加速电压(V_a)及阳极和阴极之间的距离(d_f)的影响,从蔡尔兹-朗格缪尔公式可知

$$J_e = k_e \frac{V_a^{3/2}}{d_f^2} \tag{13-8}$$

式中,$k_e = 2 \sim 3 \times 10^6 AV^{-3/2}$,一般发射电流密度的范围可从 $0.01 \sim 1A/mm^2$,并且跟电流 I_e 有关

$$I_e = A_e J_e \tag{13-9}$$

式中,A_e 是电子束的光斑面积。

单个脉冲持续时间(t_p)内的能量 E_e 是

$$E_e = V_a I_e t_p \tag{13-10}$$

它还决定材料的去除量(m_e)

$$E_e = km_e \tag{13-11}$$

式中，k 是一个反应能量转换效率和材料特性的常数，主要是沸点温度和热导率。铝的 k 值为 $360\mathrm{J/mm^3}$，钨的 k 值为 $850\mathrm{J/mm^3}$。

在电子束打孔中，每个脉冲打孔深度可估算为

$$h_e = \frac{4m_e}{\pi d_b^2} = \frac{4E_e}{k\pi d_b^2} \tag{13-12}$$

式中，d_b 是电子束投射在工件上的直径。

加工效率通常根据蒸发特定数量的材料所需的脉冲数来评价。用电子计数器来计脉冲数，以便于调整加工时间，达到所需的加工深度。达到深度 h 所需的脉冲数（n_e）为

$$n_e = \frac{h}{h_e} = \frac{hk\pi d_b^2}{4E_e} \tag{13-13}$$

[例 13-3]

采用加速电压为 70kV、电流密度为 $0.05\mathrm{A/mm^2}$ 的电子加工设备加工金属钨工件，估计 20s 加工孔的深度。钨的 k 值为 $850\mathrm{J/mm^3}$。

解

$$h = n_e h_e = \frac{n_e m_e}{A_e} = \frac{n_e E_e}{k}\frac{1}{A_e} = \frac{n_e V_a I_e t_p}{kA_e} = \frac{n_e V_a J_e A_e t_p}{kA_e} = \frac{n_e V_a J_e t_p}{k} = \frac{70\times10^3\times0.05\times20}{850}\mathrm{mm} = 82\mathrm{mm}$$

课后习题

用脉冲激光器在锆（气化能量为 $42.5\mathrm{J/mm^3}$）材料上钻微孔，产生脉冲激光的能量为每脉冲 1.5J，脉冲持续时间为 0.001s。激光光束的发散角是 0.002rad，用 30mm 焦距的透镜聚焦光束。假设输入能量转换为材料去除热能的效率为 0.5%，那么钻 1 个 1mm 深的孔需要多少脉冲？

第 14 章

生物医学加工

机械加工在医疗保健领域有着广泛应用，并且对治疗过程的效果和结果至关重要。如，血管通路的插针、药物输送或活体组织病理检查（活检）等就是一种组织切削和生物医学加工过程。钻牙术和牙根管治疗需要大量的铣、磨、钻等工艺。使用带轴向振动的多齿锯片来锯切牙体（石膏铸件），锯片能切削硬石膏却不会损伤石膏下面柔软的皮肤。修剪手指甲和脚趾甲时也用到了切削加工。研磨工具经常用来锉掉疣和进行皮肤护理。刷牙也是一种化学机械抛光工艺。在外科手术中，也有许多生物医学加工过程。单极高频电刀是一种用于组织切削和焊接最常用的手术器械，它的工作原理及所使用的电源与电火花加工一致。在白内障晶状体更换手术中，锋利的金刚石手术刀是角膜切边成功与否的关键。骨科医生经常使用钻头和各种各样的骨切削工具来修复、固定骨折部位或安装人造植入物以进行髋关节或膝关节替换。在脊柱和大脑的肿瘤切除术中，神经外科医生要进行非常精细的磨骨和双极电外科手术。

生物组织就是医学加工中的工件。工件材料范围很广，包含从柔软的组织到坚硬的骨头和牙齿等多种类型。生物医学加工与医疗器械密切相关，这些器械类似于机床，执行加工任务，对治疗效果起关键作用。在生物医学加工的众多专题中，本章选取了软组织的斜角切削、扎针、生物医学磨削和电刀手术四个专题来讲述。

14.1 软组织斜角切削

软组织（包括皮肤、肌肉、脂肪、软骨、肌腱、角膜等）的切削在技术上具有很大挑战。由于缺乏足够的支撑，软组织的变形限制了有效切削力的大小。在切削软组织时，变形是最大的挑战。当没有足够的切削力时，软组织会变形而不能从基体上切除。如果材料柔软、易延展且坚韧，用刀具进行有效切削是很困难的。在餐桌上用刀切肉时这种现象特别明显，如果肉软而易切，刀将直接切到肉里，如图 14a、b 所示。

图 14-1a 所示的剖视图展示了一把具有斜角 ξ 的直切削刃双斜面刀。刀的切削刃（标记为向量 s）垂直于切削方向（标记为向量 v）以直角切削方式垂直切入软组织，如图 14-1b 所示。图 14-2a 所示也是直角切削方式，刀具切削面 A_c（其法线向量为 n）上的切削刃 s 垂直于切削方向 v。

如果肉坚韧难切，一般通过前后移动刀可实现切肉，如图 14-1c 所示。刀的运动建立了斜角切削条件并引入刃倾角 λ，如图 14-1c 和图 14-2b 所示。如图 14-1 和图 14-2 所示，引入三个向量，$a=n\times s$、$b=v\times s$ 和 $c=b\times v$ 来定义前角和刃倾角。

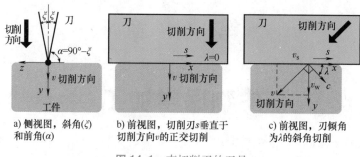

a) 侧视图, 斜角(ξ)　　　b) 前视图, 切削刃s垂直于　　c) 前视图, 刃倾角
和前角(α)　　　　　切削方向v的正交切削　　　为λ的斜角切削

图 14-1　直切削刃的刀具

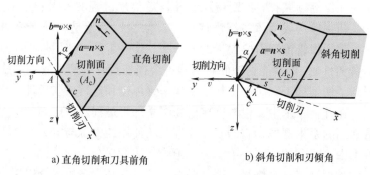

a) 直角切削和刀具前角　　　　　b) 斜角切削和刃倾角

图 14-2　两种切削方式

前角 α 是向量 **a** 和 **b** 之间的角度。

刃倾角 λ 是向量 **s** 和 **c** 之间的角度。

直角切削时 (图 14-1b 和图 14-2a), $\lambda = 0°$。

在图 14-1a 中, 定义了一个 xyz 坐标系, 沿双斜面刀刃的切削刃方向为 x 轴, 垂直于刀的对称平面为 z 轴。对于垂直切入工件 (图 14-1b), **c** 垂直于 **v**, 并且与 **s** 在同一方向。刃倾角 $\lambda = 0°$, 前角 $\alpha = 90° - \xi$。

$$s = (1, 0, 0)$$
$$v = (0, 1, 0)$$
$$n = (0, \cos\alpha, -\sin\alpha) = (0, \sin\xi, -\cos\xi)$$
$$a = (0, -\sin\alpha, -\cos\alpha) = (0, -\cos\xi, -\sin\xi)$$
$$b = (0, 0, -1)$$
$$c = (1, 0, 0)$$

对于斜角切削所用的刀具 (图 14-1c), 有两个速度分量: 沿切削刃的 v_s 和切入工件的 v_w。在这种情况下, 前角 $\alpha = 90° - \xi$。刃倾角是

$$\lambda = \arctan(v_s / v_w) \tag{14-1}$$

而且

$$s = (1, 0, 0)$$
$$v = (-v_s, v_w, 0)$$
$$n = (0, \sin\xi, -\cos\xi)$$
$$a = (0, -\cos\xi, -\sin\xi)$$

$$b = (0, 0, -v_w)$$

$$c = (v_w^2, v_s v_w, 0)$$

[例 14-1]

如图 14-3 所示切肉时，5°斜角刀的速度为：$v_s = 2\text{mm/s}$，$v_w = 2\text{mm/s}$。在此斜角切削中刃倾角为多少？如果肉坚韧难切，使用者自然会提高 v_s。如果 v_s 增加到 5mm/s，v_w 仍为 2mm/s，那么切割的刃倾角是多少？基于这两种刃倾角的斜角切削条件，分别求这两种切削条件下的前角。

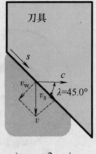 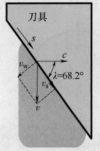

a) $v_s = v_w = 2\text{mm/s}$ b) $v_s = 5\text{mm/s}$，$v_w = 2\text{mm/s}$

图 14-3 两种斜角切削

解

由于：$v_s = v_w = 2\text{mm/s}$

$$s = (1, 0, 0)$$

$$v = (-2, 2, 0)$$

$$n = (0, 0.087, -0.996)$$

$$a = (0, -0.996, -0.087)$$

$$b = (0, 0, -2)$$

$$c = (4, 4, 0)$$

所以

刃倾角：$\lambda = \arctan(1) = 45°$

前角：$\alpha = 90° - \xi = 85°$

由于：$v_s = 5\text{mm/s}$

$$s = (1, 0, 0)$$

$$v = (-5, 2, 0)$$

$$n = (0, 0.087, -0.996)$$

$$a = (0, -0.996, -0.087)$$

$$b = (0, 0, -2)$$

$$c = (4, 10, 0)$$

所以

刃倾角：$\lambda = \arctan(2.5) = 68.2°$

前角仍为 85°。

软组织切削的研究表明，刃倾角对于初始切削力很重要。一旦开始切削，前角的作用将变得重要。沿切削刃的滑移运动可以增加刃倾角和减少初始切削力。通常，刀的切削刃不是直的，因此会改变切削点的刃倾角。非直切削刃的实例有面包刀和锯齿切削刀刃。

[例 14-2]

切披萨一般用滚刀。假设用直径 4in 的圆刀切 1in 厚的披萨，如图 14-4 所示。在垂直切披萨时，找到 A_1、A_2 和 A_3 三点处的刃倾角。点 A_1 是垂直切披萨时的第一接触点（图 14-4a），点 A_2 与 A_1 夹角为 30°，点 A_3 是切下 1in 后披萨的上边缘。假设圆刀是纯滚动而无滑动地切过比萨（图 14-4b），求出整个切披萨过程中，点 A_2 和 A_3 的刃倾角。

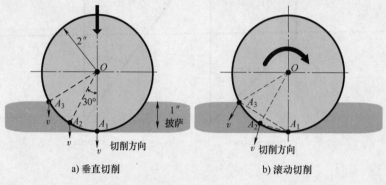

图 14-4　两种滚筒刀切披萨方式的示意图

解

如图 14-5a 所示，在垂直切削时，在点 A_1 处，$\lambda = 0°$；在点 A_2 处，$\lambda = 30°$；在点 A_3 处，$\lambda = 60°$。如图 14-5b 所示，在滚动切削时，在点 A_2 处，$\lambda = 15°$；在点 A_3 处，$\lambda = 30°$。

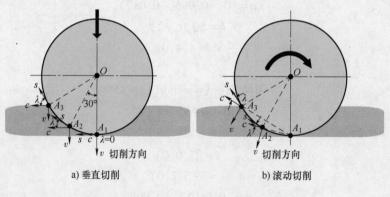

图 14-5　两种滚刀切削披萨方式的刃倾角

14.2　针尖切削刃

针在医疗器械中最为常见。插针是一种组织切削过程。针尖的几何形状决定了切削刃及其前角、刃倾角和穿刺力。引导和活检是针的两种功能，也是针尖切削刃设计和满足性能要求的关键。设计针时需考虑针尖切削刃及相应的前角和刃倾角因素。

最简单的针是单斜面偏置锥形针，它一般由不锈钢制成，在一个内圆半径为 r_i，外圆半径为 r_o 的针管上，磨削一个斜角为 ξ 的斜面，如图 14-6a 所示。这个单斜面偏置锥形针的两条切削刃都是半椭圆形的曲线。在 xyz 坐标系中，z 轴与针管的中心轴重合，x 轴穿过针尖轮廓的最低点。

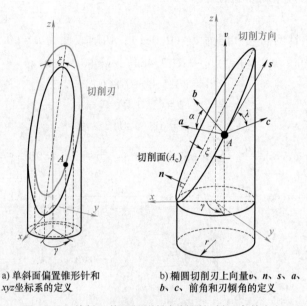

a) 单斜面偏置锥形针和　　　　　b) 椭圆切削刃上向量 v、n、s、a、
　 xyz 坐标系的定义　　　　　　　 b、c、前角和刃倾角的定义

图 14-6　单斜面偏置锥形针与椭圆切削刃参数定义

商品化的针通过在针尖上磨削平面制成。因此，针的切削刃一般由椭圆曲线段组成。研究切削刃，就要研究图 14-6b 所示椭圆切削刃和向量 v、n、s、a、b、c 的几何关系。在半径为 r 的基圆柱的半椭圆曲线切削刃上点 A 的坐标由与 x 轴的夹角 γ 定义。

$$A_x = r\,\cos\gamma$$
$$A_y = r\,\sin\gamma \tag{14-2}$$
$$A_z = r(1-\cos\gamma)\cot\xi$$

图 14-6b 中，在点 A 处的向量 s 是 (A_x, A_y, A_z) 关于 γ 的导数。

$$s = (-\sin\gamma, \cos\gamma, \cot\xi\,\sin\gamma) \tag{14-3}$$

切削平面 A_c 的法向量 n 为 $(\cos\xi, 0, \sin\xi)$，切削方向 $v = (0, 0, 1)$。根据 n、v 和 s，可以推出向量 a、b 和 c。

$$a = n \times s = (-\cos\gamma\sin\xi, -\sin\gamma\sin\xi - \cos\xi\cot\xi\sin\gamma, \cos\gamma\cos\xi)$$
$$b = v \times s = (-\cos\gamma, -\sin\gamma, 0)$$
$$c = b \times v = (-\sin\gamma, \cos\gamma, 0)$$

前角为

$$\alpha = \arccos\frac{a \cdot b}{|a||b|} = \arccos\sqrt{\cos^2\gamma\sin^2\xi + \sin^2\gamma} \tag{14-4}$$

刃倾角为

$$\lambda = \arccos\frac{s \cdot c}{|s||c|} = \arccos\frac{1}{\sqrt{1+\cot^2\xi\sin^2\gamma}} \tag{14-5}$$

[例 14-3]

一个斜角为30°的单斜面偏置锥形针，当 $\gamma = 180°, 225°, 270°$ 时，分别计算这三个点 A_1、A_2 和 A_3 的刃倾角和前角。当此针外圆半径为 1（单位长度）时，画出斜角分别为 10°、20°和30°的刃倾角和前角。

解

在图 14-7 中，针的插入方向为 $v = (0,0,1)$，切削表面为 $n = (0.866, 0, 0.5)$，在 A_1 点，$\gamma = 180°$（针尖），xyz 坐标为 $(-1, 0, 3.464)$，$s = (0, -1, 0)$。

$$a = (0.5, 0, -0.866)$$
$$b = (1, 0, 0)$$
$$c = (0, -1, 0)$$

$$\alpha = \arccos \frac{a \cdot b}{|a| \, |b|} = \arccos \sqrt{\cos^2 \gamma \sin^2 \xi + \sin^2 \gamma} = 90° - \xi = 60°$$

$$\lambda = \arccos \frac{s \cdot c}{|s| \, |c|} = \arccos \frac{1}{\sqrt{1 + \cot^2 \xi \sin^2 \gamma}} = \arccos(1) = 0$$

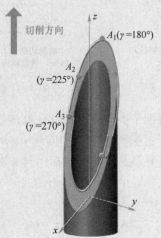

图 14-7　单斜面偏置锥形针和定义的 xyz 坐标系

在点 A_2 处，$\gamma = 225°$，xyz 坐标为 $(-0.707, -0.707, 2.957)$，$s = (0.707, -0.707, -1.225)$。

$$a = (0.354, 1.414, -0.612)$$
$$b = (0.707, 0.707, 0)$$
$$c = (0.707, -0.707, 0)$$

$$\alpha = \arccos \frac{a \cdot b}{|a| \, |b|} = \arccos \sqrt{\cos^2 \gamma \sin^2 \xi + \sin^2 \gamma} = \arccos \sqrt{0.625} = 37.8°$$

$$\lambda = \arccos \frac{s \cdot c}{|s| \, |c|} = \arccos \frac{1}{\sqrt{1 + \cot^2 \xi \sin^2 \gamma}} = \arccos\left(\frac{1}{\sqrt{2.5}}\right) = 50.8°$$

在点 A_3 处，$\gamma = 270°$，xyz 坐标为：$(0, -1, 1.732)$，$s = (1, 0, -1.732)$。

$$a = (0,2,0)$$
$$b = (0,1,0)$$
$$c = (1,0,0)$$

$$\alpha = \arccos \frac{a \cdot b}{|a||b|} = \arccos \sqrt{\cos^2\gamma \sin^2\xi + \sin^2\gamma} = \arccos(1) = 0$$

$$\lambda = \arccos \frac{s \cdot c}{|s||c|} = \arccos \frac{1}{\sqrt{1 + \cot^2\xi \sin^2\gamma}} = \arccos(0.5) = 60°$$

所以，对于点 A

$$s = (-\sin\gamma, \cos\gamma, \cot\xi \ \sin\gamma)$$
$$v = (0,0,1)$$
$$n = (\cos\xi, 0, \sin\xi)$$
$$a = (-\cos\gamma\sin\xi, -\sin\gamma\sin\xi - \cos\xi\cot\xi\sin\gamma, \cos\gamma\cos\xi)$$
$$b = (-\cos\gamma, -\sin\gamma, 0)$$
$$c = (-\sin\gamma, \cos\gamma, 0)$$

斜角分别为10°、20°和30°时的刃倾角和前角如图14-8所示。

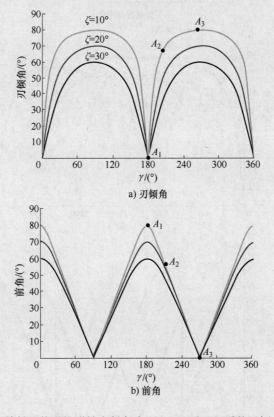

a) 刃倾角

b) 前角

图 14-8　单斜面偏置锥形针在斜角为 10°、20°和30°时的刃倾角和前角

　　商品化针看起来与图 14-6 所示的单斜面偏置锥形针有很大不同。活检针（图 14-9b）在针尖上磨削出另外的两个平面，可以增大刃倾角（特别是在针尖），以减少针的初始穿刺

力。例 14-3 中，点 A_1 处的 $\lambda = 0$，这对切除软组织来说，是最差的正交切削条件。图 14-9 所示为单面偏置锥针与两种常见的商品化针，即活检针（俗称皮下注射针或千叶针）和带有三个对称面、三条切削刃和三个刃倾角的福星（Franseen）针（俗称三面针）。图 14-10 所示为这三种针的前角和刃倾角示意图。

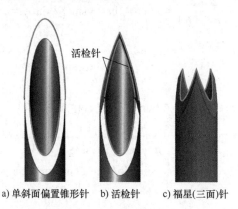

a) 单斜面偏置锥形针　b) 活检针　c) 福星(三面)针

图 14-9　单斜面偏置锥形针与两种商品化针的外形比较

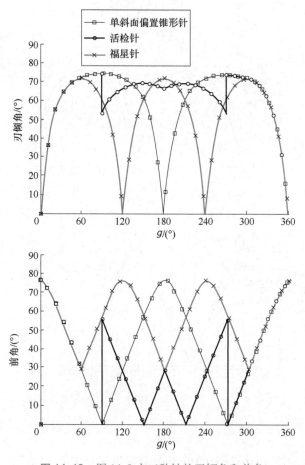

图 14-10　图 14-9 中三种针的刃倾角和前角

14.3 切削力和穿刺力

如 14.1 节所讨论的，在切削软组织时，由于缺乏结构支撑，往往产生很大形变。在刀片切削或针刺入软组织的过程中，刀片或针的切削刃持续使软组织变形，而不是刺穿或切削软组织。图 14-11 所示的试验测量曲线是用 11Ga.（Gauge）针头作用在离体猪肝上，穿刺力相对刺入深度的关系曲线。随着力的逐渐增加，软组织继续变形，直到力峰值达到断点，进入深度为 d，穿刺力的初始峰值为 F_N。在组织切削开始点，软组织具有大的变形（8mm），且穿刺力达到 0.9N 的峰值力。针尖刺入软组织后，穿刺力突然下降，并且穿刺力和组织变形都继续增加，直到下一个峰值或第二个切入点出现。

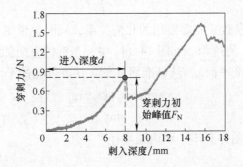

图 14-11 典型的"穿刺力-刺入深度"关系曲线

刀片切削软组织时的力与切削深度的关系与图 14-12 所示的"穿刺力与刺入深度"的关系相似。试验使用 16 号刀片，以不同的前角和刃倾角对离体猪肝进行试验，探索比切削力模型 $f(\lambda,\alpha)$。比切削力为切削力除以在刀具垂直于切削方向上的投影长度。图 14-12 所示为测得的比平均力 $f(\lambda,\alpha)$。曲面描绘了 $f(\lambda,\alpha)$（单位为 N/mm），数据可用对应的一个三阶多元多项式（λ 和 α）来拟合，表示为

$$f=-0.042+0.296\lambda+0.298\alpha-0.255\lambda^2-0.408\lambda\alpha-0.011\alpha^2$$
$$+0.083\lambda^3+0.118\lambda^2\alpha+0.080\lambda\alpha^2-0.059\alpha^3$$

$$(14-6)$$

该模型与试验数据较吻合（$R^2=0.97$）。函数 $f(\lambda,\alpha)$ 可以用来分析针插入软组织的切削力，也可用于优化设计针的形状以获得最小穿刺力。

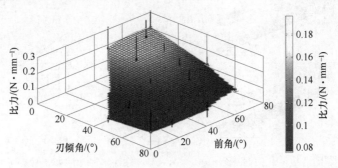

图 14-12 比切削力 $f(\lambda,\alpha)$

14.4 针尖磨削

针尖的几何形状是磨削成形的。磨削参数决定针尖的几何形状，也是下一节针尖几何形状的优化设计的基础。

例如，采血针的针尖是通过四步磨削工序完成的，如图 14-13 所示。第 1 步，把针管倾斜角度 ξ，在针管末端磨出单一平面的偏置斜面。第 2 步，倾斜角度增加到 φ，φ 称为第二斜角。砂轮与针尖接触点所在的平面作为一个基准面。第 3 步，针管绕中心轴线旋转 β 角，砂轮提升到距离基准面 q 的地方，以磨削第一个活检穿刺刀面。第 4 步，针管向第 3 步相反方向旋转 2β，以第 3 步中相同高度磨出第二个活检刀面。总的来说，磨削活检针针尖有三个参数为 ξ、φ 和 β。这三个参数确定了活检针针尖的形状，这将在下一节的优化设计中用到。

图 14-14 给出了计算参数 q 需要使用的几何关系，同时也说明了活检针磨削过程中计算 q（图 14-13 中的第 3 步）的过程。如图 14-14a 中，当针的方向如第 2 步（图 14-13）所示时，在 x 方向（垂直于基准平面），从基准面（针尖接触砂轮的平面）到点 P 的距离 d 是

$$d = \frac{\sin(\varphi-\xi)(r_o-r_i)}{\sin\xi} \tag{14-7}$$

式中，r_o 和 r_i 分别是针管的外圆半径和内圆半径。

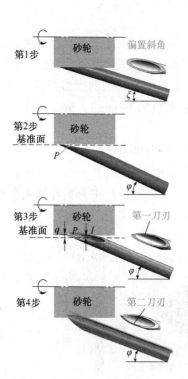

图 14-13 磨削活检针针尖的 4 个步骤

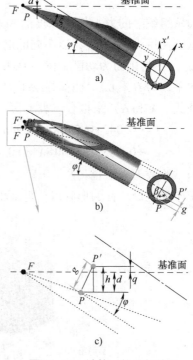

图 14-14 计算 q 的几何关系

如图 14-14b 所示，当针管旋转角度 β 后，点 P 移动到 P'，移动距离为 $g=r_i(1-\cos\beta)$。沿着 x' 方向从点 P 到点 P' 的距离 $h=g\cos\varphi$，那么

$$h=r_i(1-\cos\beta)\cos\varphi \tag{14-8}$$

基准面和新的点 P' 之间的距离 $q=h-d$，有

$$q=r_i(1-\cos\beta)\cos\varphi-\frac{\sin(\varphi-\xi)(r_o-r_i)}{\sin\xi} \tag{14-9}$$

在商业上，针管外径（OD）规格采用 Ga.（Gauge）定义，范围从 6Ga.（公称直径为 0.203in）到规格 36Ga.（公称直径为 0.00425in）。18Ga.（公称直径为 0.05in）是临床上最常见的针头之一。针管的内径由壁厚决定。市场上销售的针管壁厚度有四种规格：常规型（RW）、薄壁型（TW）、特薄壁型（ETW）和超薄壁型（UTW）。例如，对于 18Ga. 的针来说壁厚分别为 0.0085in、0.006in、0.003in 和 0.002in。商业针管的各种规格和壁厚可以查阅相关数据表。

[例 14-4]

对于 11Ga. 的常规型活检针头，参数为 $\xi=12°$，$\varphi=18°$，$\beta=60°$，磨削超薄壁型针头时，q 是多少？

解

对于 11Ga. 的常规型针头，外径是 0.12in，壁厚为 0.013in，$r_o=0.06$in，$r_i=0.047$in。由式（14-9），$q=0.0158$in。这支针会在下一小节用到。

14.5　活检针尖优化

通过表 14-1 可知，A 型针是一种广泛应用于医疗保健的活检针，斜面长度是指针尖处沿针轴向的斜面的长度，11Ga. 的针尖参数为 $\xi=12°$，$\varphi=18°$，$\beta=60°$，其斜面长度为 13.3mm。基于图 14-12 所示的比切削力 f 的公式，假设针和软组织之间完全接触（如图 14-15 所示的 $\theta=360°$），数学模型预测的最大穿刺力为 1.06N。

表 14-1　活检针的最优设计与制造——最优化几何模型及参数

针型编号	说　　明	形　　状	角　　度	斜面长度/mm	穿刺力模型预测/N
A	基础针型		$\xi=12.0°$ $\varphi=18.0°$ $\beta=60.0°$	13.30	1.06
B	相同斜面长度时穿刺力最小		$\xi=12.4°$ $\varphi=12.4°$ $\beta=15.0°$	13.30	0.94
C	相同穿刺力时斜面长度最小		$\xi=23.0°$ $\varphi=23.0°$ $\beta=10.0°$	7.17	1.06

注：假设 $\theta=360°$。

用遗传算法来进行优化，假设 $\theta = 360°$，活检针具有最低的穿刺力和相同的斜面长度，$\xi = 12.4°$，$\varphi = 12.4°$，$\beta = 15.0°$，见表 14-1 中的 B 型针所示。该模型预测的穿刺力 0.94N，比 A 型针低 11%。在保持相同穿刺力条件下，以最小化斜面长度为目标来优化针头，C 型针的斜面长度为 7.17mm，比 A 型针减少 46%。较短的斜面长度对医生和护士刺入血管是有益的。三种类型的实物针头及参数见表 14-2。

对于磨针实验，由于分度头有 1° 的分辨率，一些角度的设置将被调整到最接近的角度上。如图 14-15 所示，在离体肝脏穿刺试验中接触角 θ 不是 360°。表 14-2 展示了三种针的接触角 θ 的测量值，以及基于接触角 θ 的刺入力模型预测值与试验测定值。试验测量表明，B 型针的初始峰值穿刺力减少到 0.81N，这比 A 型针的 0.94N 降低了 14%。C 型针与 A 型针相比，斜面长度比减少 46%，而穿刺力（1.02N）提高了 8.5%。上述结果表明针的设计和制造是密不可分的。三种磨削设置的参数可用于优化针的设计。优化的针具有较小的穿刺力或较短的斜面长度，或是两者的组合。

表 14-2　活检针的最优设计与制造——实物针头及参数

针型编号	说　　明	实物针头照片	角　度	斜面长度 /mm	接触角 θ	初始穿刺力峰值 F_N		
						测量值/N	预测值/N	误差
A	基础针型		$\xi = 12°$ $\varphi = 18°$ $\beta = 60°$	13.30	287.9°	0.94	0.89	5.6%
B	相同斜面长度时穿刺力最小		$\xi = 12°$ $\varphi = 12°$ $\beta = 15°$	14.29	216.2°	0.81	0.78	3.7%
C	相同穿刺力时斜面长度最小		$\xi = 23°$ $\varphi = 23°$ $\beta = 10°$	7.17	360.0°	1.02	1.06	3.9%

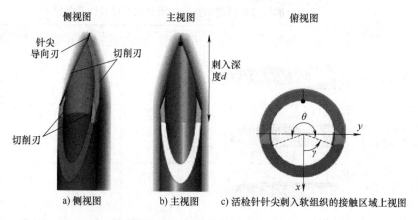

a) 侧视图　　　b) 主视图　　　c) 活检针针尖刺入软组织的接触区域上视图

图 14-15　组织接触区域和 θ 角

14.6　生物医学磨削：牙科、颅底神经外科、斑块旋磨术

磨削加工常用于牙科治疗、颅脑外科手术和冠状动脉与外周动脉斑块手术中。

牙科的磨削通常用直径为 1.60mm 或 2.35mm 的金属结合剂金刚石砂轮或硬质合金刀具（又称牙钻）。牙科磨削采用高速砂轮（通常为 300000~400000r/min）和压缩空气驱动的涡轮主轴。这是最常见的生物医学磨削加工。

磨骨也是矫形外科和神经外科的一种非常重要的手术。如，有一种称为颅底经鼻内窥镜下的神经外科脑肿瘤手术。这种微创手术采用鼻孔作为一种天然的通道以到达颅骨下，而没有导致毁容的切口。图 14-16 所示为一种商业化的神经外科磨削器械和两个砂轮。神经外科医生用直径 3~4mm 的微型球形金刚石砂轮磨去骨头，暴露出要切除的肿瘤。在磨骨过程中，神经外科医生也需要识别和保护重要的脑神经。在这样的内窥镜手术中，砂轮转速一般超过 50000r/min。

a) 神经外科磨削器械和金刚石砂轮　　b) 25/30 ANSI 目 (711　c) 200/230 ANSI 目 (76
FEPA)的金刚石磨粒　　FEPA)的金刚石磨粒

图 14-16　商业化神经外科器械

在骨磨削过程中产生的热量，会通过骨骼传递给邻近的神经和血管。医学界普遍认为，磨骨造成的骨、神经和动脉的温度上升会引起三种热损伤。第一，当温度超过 50℃ 的临界温度时，通常会发生骨坏死。第二，温度升高很容易使神经受损；神经的耐温情况取决于神经的类型，开始出现热损伤的临界温度是 43℃。第三，温度升高会使血液凝结，出现凝血块，例如，经鼻的颅底手术，由于磨骨引起的温度上升导致颈动脉凝血会引起中风。暴露和切除肿瘤病变部位时，需要磨除包裹着视神经和颅内神经的骨头，需要识别和保护这些重要的神经。在颅底手术磨骨过程中产生的热量可能会损害神经，造成失明或面部肌肉失控。磨削生热是神经外科医生需要特别关注的问题。

最小化骨头磨削引起的温升是防止颅底磨骨热损伤的关键。为了在磨骨时能精确控制运动并减少创伤，一些神经外科医生会使用小粒度的砂轮，以感觉磨削阻力。在颅底神经外科磨骨手术中，大的磨削力会产生更多的热量。目前，磨骨手术的主要冷却方式是用生理盐水冲洗。颅底磨骨手术中有限的空间和高速运转的砂轮都会限制盐水的冷却效果，这给先进手术磨削器械的改进带来了很多机会。

在美国和大多数发达或发展中国家中，由血管内的斑块（脂肪组织的沉积）引起的心血管疾病是死亡的第一大原因，最常见的心血管疾病是动脉粥样斑块。临床上也经常使用磨削来清除这种斑块。旋磨术是一种以导管为基础的手术过程，它使用高速的金属结合剂金刚石砂轮来粉碎斑块，以恢复血管中的血液流动，使病人恢复健康。

图 14-17 所示为两种旋磨砂轮。图 14-17a 展示的是斑块旋磨的金刚石砂轮，转速一般在 130000~210000r/min 之间。图 14-17b 展示了另一种公转式金刚石砂轮（转速一般为 60000~120000r/min），它通过自转加公转运动来磨削斑块。图 14-18 给出了公转式斑块旋

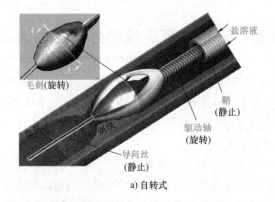

a) 自转式

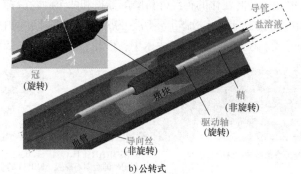

b) 公转式

图 14-17 两种金属结合剂金刚石旋磨砂轮

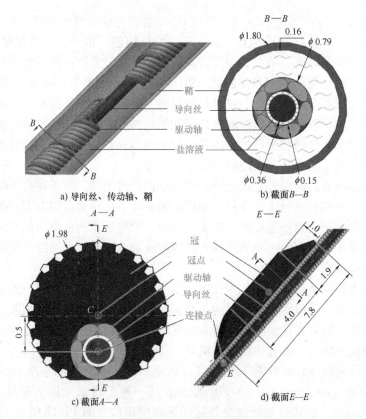

a) 导向丝、传动轴、鞘

b) 截面 B—B

c) 截面 A—A

d) 截面 E—E

图 14-18 公转式旋磨砂轮和导管的几何结构

磨装置的设计和操作细节。直径为 0.36mm 的导丝在旋磨过程中静止不动。导丝外面是由六根直径 0.15mm 的丝螺旋缠绕在一起组成的传动轴。传动轴外面是固定导管（外径 1.8mm，壁厚 0.16mm）。在旋磨过程中，盐水通过导管缓慢地供给（流量约 45mL/min），在高速旋转的传动轴和静止的导丝及导管之间起到润滑和流体动压轴承的作用。盐水还能带走热量，这是非常重要的，因为磨削过程在血管内操作，过多的热量会使血液凝固。砂轮是一个直径 1.98mm，两端带有斜面的钛棒。金刚石的平均尺寸为 0.07mm。砂轮轴有 0.5mm 偏心距。这种偏心能同时实现砂轮的旋转和公转运动。例如，用生理盐水模拟血液，在 90000r/min（1500Hz）的自转速度下，砂轮的公转速度约 228r/min（38Hz）。

磨削操作把斑块打碎成很小的磨屑（通常比直径范围在 6~8μm 的红血细胞还小），这些磨屑可以无害地通过血液循环系统，最终被人体吸收。这种斑块磨削最早出现在 1993 年，常用于治疗以下四种类型的斑块：①钙沉积引起的硬化斑块；②位于分支点的斑块；③先前放置支架处复发的斑块；④外周动脉关节处附近的斑块。这些部位都很难用支架来维持动脉血流量。旋磨术是一种组织切削加工，这是生物医学加工在医疗保健的一个很好的示范。

14.7　高频电刀加工和热剂量模型

在外科手术中，医生需要切削组织，并且通过加热使血液凝固成血栓来止血。在早期的手术中，医生用一把加热过的锋利的刀来切削组织，同时止血。这个过程如今是通过高频电刀器械来实现的。第一个高频电刀器械是由外科医生哈维库欣（Harvey Cushing）和物理学家威廉博维（William Bovie）在 1926 年研制出来的。电外科手术的基本原理与电火花加工和电阻加热类似。

由于人的神经和肌肉刺激在频率超过 100kHz 时就会停止，高频交流电的电能可以安全地产生电弧，用于切削和加热凝血。血液如果没有凝固就会溅射在切削区域，阻挡医生的视线。热量对周围组织损伤有显著副作用，特别是对神经或神经血管束（NVB）。细胞对温度非常敏感，大概在温度超过 43℃ 就会出现细胞热损伤。在某些外科手术中，如男性的前列腺切除手术、女性的全子宫切除手术及一般的神经外科手术，加热止血可能会破坏邻近的神经组织。这个问题类似于机械加工中产生的工件的热损伤，如车削较硬材料产生的白层、凸轮轴磨削表面的热裂纹和材料相变等。

热剂量模型把组织温度与直到组织死亡的暴露时间联系起来。热剂量通常与 43℃ 时相应剂量相关。例如，当达到 43℃ 作用 20min 的当量热剂量后，组织就会死亡。生物组织热剂量，也称为在 43℃ 下的累积等效分钟数（CEM），记为 CEM_{43}，是一个处理温度 $T(t)$ 与时间 t 的函数，为

$$CEM_{43} = \sum_{t=0}^{t_e} R^{43-T} \Delta t \tag{14-10}$$

式中，t 是从 0 到 t_e 的加热时间（单位为 s）；T 是组织温度（单位为℃）；R 是一个经验常数，一般来说，$T<39℃$ 时，$R=0$，$39℃<T<43℃$ 时，$R=0.25$，$T>43℃$ 时，$R=0.5$。

43℃ 时，$CEM_{43}=20min$（1200s）；当温度升高到 45℃ 时，只需要 5min 即可到达 CEM_{43}；在 50℃ 时，热损伤的时间缩短为 0.16min（9s）。在利用和产生热的生物医学加工中，控制温度、开发热管理相关的知识和器械存在巨大的需求。

14. 8 小结

生物医学加工与先进医疗器械的发展密切相关。了解基本的加工原理是实验室或日常生活（如针插入软组织）中生物医学加工创新和取得进步的基础。生物医学加工具有广泛的应用，并将随着医疗保健新需求的出现而继续发展。

课后习题

14.1 锯齿的斜角为 ξ，切削速度分量为 v_s 和 v_w，如图 14-19 所示，在点 A 处的刃倾角是多少？

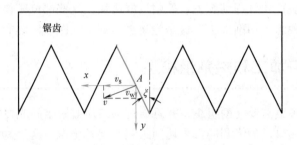

图 14-19 锯齿

14.2 一个斜角为 10° 的双斜面锥形针（图 14-20），请画出它的前角和刃倾角。

图 14-20 双斜面锥形针

14.3 对于 18Ga. 的超薄壁型针，参数为 $\xi = 12°$，$\varphi = 18°$，$\beta = 60°$。磨削活检针时，q 是多少？

14.4 在表 14-2 中，对于 B 型针和 C 型针，磨削参数 q 是多少？注意：14.4 节给出了 A 型针的例子。

参 考 文 献

[1] ALTINAS Y. Manufacturing automation, metal cutting mechanics, machine tool vibrations, and CNC design [M]. 2nd ed. Cambridge: Cambridge University Press, 2012.

[2] CHILDS T H C, MAEKAWA K, OBIKAWA T, et al. Metal machining, theory and applications [M]. Hoboken: Wiley, 2000.

[3] COOK N H. Manufacturing analysis [M]. New York: Addison-Wesley, 1966.

[4] DEVRIES W R. Analysis of material removal processes [M]. New York: Springer, 1991.

[5] DUDZINSKI D, MOLINARI A, SCHULZ H. Metal cutting and high speed machining [M]. New York: Kluwer Academic, 2002.

[6] GRZESIK W. Advanced machining processes of metallic materials, theory, modelling and applications [M]. San Diego: Elsevier, 2008.

[7] HMT Limited. Mechatronics and machine tools [M]. New York: McGraw-Hill, 1999.

[8] KNIGHT W A, BOOTHROYD G. Fundamentals of machining and machine tools [M]. 3rd ed. Boca Raton: CRC Press, 2005.

[9] KRAR S F, RAPISARDA M, CHECK A F. Machine tool and manufacturing technology [M]. New York: Delmar Publishers, 1996.

[10] MARINESCU I D, ISPAS C, BOBOC D. Handbook of machine tool analysis [M]. New York: Marcel Dekker, Inc., 2002.

[11] MCCARTHY W J, REPP V E. Machine tool technology [M]. Grass Valley: McKnight Publishing Company, 1978.

[12] OXLEY P L B. Mechanics of machining, an analytical approach to assessing machinability [M]. Chichester: Ellis Horwood, 1989.

[13] RESHETOV D N, PORTMAN V T. Accuracy of machine tools [M]. New York: ASME Press, 1988.

[14] SHAW M C. Metal cutting principles [M]. Oxford: Clarendon Press, 1984.

[15] SHAW M C. Principles of abrasive processing [M]. Oxford: Clarendon Press, 1996.

[16] SMITH G T. CNC machining technology 1, design, development and CIM strategies [M]. London: Springer, 1993.

[17] SMITH G T. CNC machining technology 2, cutting, fluids and workholding technologies [M]. London: Springer, 1993.

[18] SMITH G T. CNC machining technology 3, design, part programming techniques [M]. London: Springer, 1993.

[19] STEPHENSON D A, AGAPIOU J S. Metal cutting theory and practice [M]. 3rd ed. Boca Raton: CRC Press, 1999.

[20] TLUSTY J. Manufacturing processes and equipment [M]. Upper Saddle River: Prentice Hall, 1999.

[21] ULSOY A G, DEVRIES W R. Microcomputer applications in manufacturing [M]. New York: Wiley, 1989.

[22] WECK M. Handbook of machine tools, volume 1, types of machines, forms of construction and applications

[M]. New York: Wiley, 1984.

[23] WECK M. Handbook of machine tools, volume 2, construction and mathematical analysis [M]. New York: Wiley, 1984.

[24] WECK M. Handbook of machine tools, volume 3, automation and controls [M]. New York: Wiley, 1984.

[25] WECK M. Handbook of machine tools, volume 4, metrological analysis and performance tests [M]. New York: Wiley, 1984.

[26] WELCOURN D B, SMITH J D. Machine-tool dynamics, an introduction [M]. Cambridge: Cambridge University Press, 1970.

[27] YORAM K. Computer control of manufacturing systems [M]. New York: McGraw-Hill, 1983.

[28] FURUKAWA Y, MIYASHITA M, SHIOZAKI S. Vibration analysis and work-rounding mechanism in centerless grinding [J]. International Journal of Machine Tool Design and Research, 1971, 11: 145-175.

[29] ROWE W B, MIYASHITA M, KOENIG W. Centerless grinding research and its application in advanced manufacturing technology [J]. CIRP Annals, 1989, 38/2: 617-625.